はじめに

私が都庁経済局に就職した1967年当時、経済局の機構図は、左側に総務部・商工部・金融部、右側に農林水産部と、半分を農林水産が占めていた。その後数年して職員組合の役員となった私は、オルグと称して各職場を回った。農業試験場や多摩・島しょにある各分場などを訪ね、どういう仕事をしているかを学んだ。戦後日本で農業の生産性向上のために、国や都道府県がその地の風土気候に合った品種改良や技術を農業者と協力して開発したことは相当の効果があった。

高度経済成長の過程で日本の農業は犠牲を強いられたが、今、食料安全保障、品質、気候変動、人々の意識などがあって反転攻勢の時代を迎えた。

近年の都市農業振興基本法をはじめとする一連の法制定や改正をさらに進めて政府・自治体の具体的農業政策を充実させたい。そう考えて全国農業新聞の連載を続けさせて頂いている。

本書は、連載コラム「農あるまちづくり」の56回を一部修正してまとめた。出版にあたり（一社）全国農業会議所の新聞編集担当ならびに出版担当の皆様にお世話になった。内容については、（一社）東京都農業会議の角田由理子専務理事をはじめ事務局の皆様に面倒な編集作業を担って頂いた。厚くお礼を申し上げたい。

2023年6月

青山 佾

都市農業の時代

食料安全保障へ反転攻勢始まる

目次

はじめに

第2部　多様な農業経営を支える政策を

第3部　都市自治体は農地に積極的な投資を

第4部　画一的でない振興策で可能性を拓く

第5部　追い風に乗り反転攻勢への新たな志を

おわりに　危機的な日本の食料自給

※掲出した写真・イラスト・資料の提供等にご協力頂いた方々

第1部

都市農業の時代がやってきた

「農あるまちづくり」という日本型モデル

日本の都市は、発達過程をみても農村と併存してきた。そこに「農あるまちづくり」というテーマが成立する理由があり、欧米にはない「都市農業」という概念が存在する。

都市農業の発展は、都市と農業の双方にとって大切だ。農地を減らし宅地を増やす時代は終わった。都市農業を守り発展させる時代がやってきた。

（2015年4月～2016年2月）

column 01

商工業と農林漁業の調和 日本でこそ成立する概念

◆2015年4月17日　10面（農あるまちづくり1）

ヨーロッパやアメリカでは都市と農村が画然と分けられるが、日本では混在している地域も多い。都市の発達過程を見ても、ヨーロッパの都市では、まち全体を城壁で囲むのが普通だったが、日本では城の周囲に都市と農村が併存している地域があって、さらにその周辺に農村が広がっているのが普通だった。

そこに「農あるまちづくり」というテーマが成立する理由がある。これは欧米にはない、日本にだけ成立する独特のテーマである。私たちは、日本に「都市農業」という欧米にはない概念があることを誇りに思っていいと思う。

地方自治法（1947年）において都市の概念に近い言葉は市町村の市であるが、この地方自治法が定める市の定義には「商工業等の都市的業態に従事する世帯が6割以上」という項目がある。これは市の地域内に農業が存在するのを前提としていると受け止めることもできる。

都市計画法（1968年）はさらに一歩進んで都市計画の基本理念を「農林漁業との健全な調和を図りつつ」というフレーズで語る。これは都市計画区域内に農林漁業が存在することを前提にしているようにも見えるが半面、放置すると都市は「農林漁業との健全な調和」が図れ

都市計画法

（昭和 43 年法律第 100 号）

第二条 **（基本理念）**

都市計画は、農林漁業との健全な調和を図りつつ、健康で文化的な都市生活及び機能的な都市活動を確保すべきこと並びにこのためには適正な制限のもとに土地の合理的な利用が図られるべきことを基本理念として定めるものとする。

ないだろうという前提に立っている。

都市における農業は、都市によって農地を浸食されることもあるが、むしろ収益性を高めたり、さらに栄えたりもする。都市農業の発展は都市と農業両者にとってとても大切なことだ。そういう視点から農あるまちづくりを考えていきたい。

城郭都市

パルマノーヴァ市
（イタリア）
農業は城壁の外で
行われた

都市に農地が混在する江戸城下

全国の大名が持ち込んだ野菜の種が江戸城下へ広がり、気候風土に合ったものが固定種となり、地名を付した江戸野菜として定着したと言われている

大名たちは、国元から持ち込んだ
野菜を下屋敷などで栽培した

下級武士地（水色）	武家地（黄色）	町人地（赤色）	寺社地（茶色）	田畑等（緑色）

台東区教育委員会「江戸古地図で見る池波正太郎の世界」
東京都教育委員会「江戸から東京へ」等を参考に作成

column 02

消費者が食べたいのは素性の知れているもの

◆2015年5月22日　10面（農あるまちづくり2）

日本で都市農業が成立し定着した理由はいくつかあるが、一番大きいのはその農産物の素性がわかるということである。

農家の庭先販売や直売所、あるいはインショップ販売は、消費者の側からすれば生産過程を自分の目で日常的に確かめることができるので安心して購入することができる。都市で生産され流通過程が短縮され、新鮮で味が優れているのも利点だが、この点が大きい。

都市農業の場合に限らず、インターネットによる直販でも、生産者の顔写真や抱負、経歴などをホームページに掲載するなど、信頼性を消費者の感性に訴えて伝える方法は普通に採用されている。生協も伝統的に生産者との交流に重きをおく。いずれも消費者が生産者を身近に感じることにより農産物の素性を知り、安心感をもつ効果を期待しているのである。

現在の都市計画法ができたのは1968年のことで、当時の日本の大都市では住宅の絶対数が不足していて切実に宅地が欲しかったから、市街化区域すなわち農地を宅地化する地域を法によって定めた。10年以内と期限も定めた。

それから半世紀近くを経て都市の農業が生き延びたのは、関係者の努力もさることながら本質的に都市住民が都市農業を必要としているからである。日本の消費者は素性の知れているものを食べたいのである。

工業製品は結果が問われるが、農産物は生産過程が問われる。工業製品は政府や関係機関が品質を保証し消費者がそれを信頼するが、農産物については消費者がその生活実感において信頼できるレベルが求められる。そこに工業と農業の本質的な違いがある。

庭先販売などは額こそ大きくないが、そこには都市農業の原点があり、消費者はその発展を求めている。素性がわかり安心して購入できるからだ。

スーパー内地場産コーナー　生産者紹介やレシピも置かれている

（上）JA 直売所
（左）JR 駅コンコース

様々なスタイルの直売所があり 市民の食生活を支えている

コロナ禍で自動販売機の設置が増えた

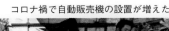

column 03

世界的に進行する都市化 貴重な日本モデルの発信

◆2015年6月19日 10面（農あるまちづくり3）

ヨーロッパやアメリカにも都市農業という言葉がないわけではないが、その主流はいわゆる家庭菜園的な市民農園とワインである。

家庭菜園の動機は食料品の流通経路が複雑かつ長距離・多様化しすぎたため、自分でつくる農産物が新鮮で安心だからということのようだ。フードマイルという言葉を使う人がいて、これは食料を遠隔地から運ぶことによって化石燃料を大量に消費することを数量的に表現している。肥飼料のリサイクルや都市住民の健康を重視して都市農業を論じる場合もある。

英国のアロットガーデン、ドイツやオーストリアのクラインガルテンなども基本的には市民農園である。カナダでは自家菜園をつくる人をシティーファーマーという。公園行政の分野では農業公園とか都市農業公園という言葉がある。

レッチワースやウェルウィンで知られる英国のガーデンシティー（田園都市）は田園風景

ロサンゼルスのまち中にある市民農園

パリの外れにある昔のワイナリーが
今はベルシービレッジ（レストラン街）

市街化区域にある酪農牧場

の中に緑豊かな都市的居住環境を創出するという思想で、都市農業とは逆の発想である。

都市におけるワインの製造は欧州では昔から盛んである。古来、都市内の城や修道院でつくる伝統があった。パリ西南部のベルシー地区はパリの田舎と呼ばれ、昔からブドウ畑とワイナリーがあった。ミッテラン大統領の時代にショッピングモールに再生したが、ここのレストランには昔ここにあったブドウ畑の写真が掲げられている。

家庭菜園やワインを主流とする欧米の都市農業に対して、日本の都市農業は都市地域内において本格的に農業を営み、多種多様な青果物や畜産物を大量に市場に提供しているという点で世界に稀有な特徴をもつ。世界的に都市化が進行するいま、この貴重な日本モデルを世界に発信することこそ地球環境や食料問題に資すると考えられる。

column 04

農地をめぐる流れが変わった 宅地増やす時代は終焉

◆2015年7月17日　10面（農あるまちづくり4）

日本の都市は戦後長い間、住宅が絶対的に不足し、農地を宅地に転用する政策を進めてきた。住宅建設計画法で国も都道府県も毎年の住宅建設数を数値で定めることが義務づけられていた。

2006年、同法律は廃止され、新たに住生活基本法ができた。私は社会資本整備審議会の委員として当初からこの法案づくりに関わった。このときの一致した議論は、日本における住宅政策は量から質の時代に変わったということである。

日本の住宅戸数は世帯数を1割以上も上回り、これ以上、戸数を増やすのではなく、1戸当たりあるいは1人当たりの面積や建築デザイン、機能、間取り、内装など住宅の質を向上させていく政策が求められている。

それから数年を経て、戸数が足りているどころか空き家が社会問題となってきた。そもそも住宅の戸数をこれ以上増やさなくてよいということは、宅地の絶対量を増やさなくてよいということだ。すなわち農地を減らさなくてよいのである。

これからも一定の住宅は取り壊し、建て直さなくてはならないし、戸建てがマンションに変わったりその逆があったりする。ある一定の場所では農地を宅地に転用することはこれからもあるだろう。だが全体として、農地を減らし宅地を増やす時代は終わった。流れが変わったのである。

これからの国土計画や都市計画は宅地の絶対量を増やす計画

とはならない。今までも日本全国の都市内において農業は営まれてきたが、基本的な政策の流れとしてはこれら都市農業を守り充実する時代がきた。

先日、北京日報の記者から「北京市は都市地域を拡大しつつあるが、東京の経験から何を学ぶべきか」と問われたので、「都市内にある農地を守ることだ。流通経路も短縮され交通渋滞を緩和する」と言った。農地は都市に必要なものと考えるべきである。

住宅が絶対的に不足していた時代とは違い、現代では都市に住む人々も農地を求めていると思う。

平成18年6月8日公布・施行

住生活基本法

国民の豊かな住生活の実現を図るため、住生活の安定の確保及び向上の促進に関する施策について、その基本理念、国等の責務、住生活基本計画の策定その他の基本となる事項について定める

住宅建設五箇年計画（S41年度より8次にわたり策定 8次計画はH17年度で終了）

◇5年ごとの公営・公庫・公団住宅の建設戸数目標を位置づけ

『量』から『質』へ

社会経済情勢の著しい変化

・住宅ストックの量の充足

・本格的な少子高齢化と人口・世帯減少　等

新たな住宅政策への転換

住生活の安定の確保及び向上の促進に関する施策

◇安全・安心で良質な住宅ストック・居住環境の形成

◇住宅の取引の適正化、流通の円滑化のための住宅市場の環境整備

◇住宅困窮者に対する住宅セーフティネットの構築

国土交通省資料をもとに作成

column 05

オランダの農家を訪ねて 農業の楽しさ豊かさ

◆２０１５年９月18日　10面（農あるまちづくり5）

　フォレンホーヴェン在日オランダ王国大使に大学院でゲストとして授業をして頂いたのを契機に皆でオランダの農家を訪問することにした。最初にトマトワールドを訪ねることにしてメールで申し込むとすぐに受け入れ可能との返信がきた。

　アムステルダムから鉄道でデンハーグに行き、乗り換えてレイスウェイク駅で降り、路線バスでウェストランドミュージアムという停留所で降りるとトマトワールドがあった。ウェストランドのまちは表通りをバスで走っていると都市化しているように見えるが、一歩中に入るとたくさんのハウスが軒を連ねている。

　入り口のホールでとれたての64種類のトマトのどれでもつまんでと言われた。ピンク、オレンジ、レッド、ブラウンと色とりどり、サイズも大中小、形もさまざまのトマトを味わった。若者や子どもたちに農業の楽しさを教えるため多くの種類を栽培しているという。

　ハウスで腰の高さの台にロックウールが敷かれ、パイプで供給される養液の内容などデータが細かく表示されていた。収穫は畦に敷かれたレールを走るトロッコを押しながらで、かがむ必要はない。列ごとに蜂の巣がおかれ、たくさんの蜂が舞っている。トマトワールドの温室面積は計１５００平方㍍である。

　５軒の農家が協力してこのセンターを運営している。政府にも大学にも協力してもらったが補助金はもらっていないと胸を張っていた。農業収入と見学者からの料金を基本として運営している。

トマトスープとパンのランチを頂き、最後に「64もの種はどこから?」と聞くとあっさりと「日本から輸入している」という答えだった。家族経営でも企業家精神に富む農家が成功している点は日本もオランダも同じであるが、何よりも農業の楽しさを教えるというコンセプトに感動した。

日本でも農業の楽しさを教えたいと思う。

オランダのトマトワールド

温室内では環境制御型の大規模な水耕栽培が行われている

64 種のトマトが並ぶ　種苗は日本製

column 06

農産物販売の原点 ファーマーズマーケット

◆2015年10月23日 8面（農あるまちづくり6）

日米欧を通じてファーマーズマーケットの歴史は古いが、現代は成熟社会を迎え価値観が多様化し、規格品より個性ある商品を求める消費者志向が強まっていることもあって再び隆盛の時代を迎えたのだろう。農あるまちづくりにとってファーマーズマーケットは重要なテーマのひとつである。

ロサンゼルスのファーマーズマーケットはもともと、石油を掘るために移住してきた人たちを相手に地元の農業者たちが開いた直売所だったが、現代では観光客を相手にますます発展している。肉屋では好みにあわせて焼いてもらってその場で食べることもできる。野菜や果物、チーズなど乳製品から衣類や小物まで売る総合マーケットである。ホールフーズやトレーダージョーズなど食品スーパーも集まった。高級ブランドのブティックやホテルも集積しショッピングモールが形成されるに至った。

ニューオーリンズのマーケッ

ユニオンスクエアのグリーンマーケット（ニューヨーク）

トアンブレラは、傘一つあれば店を出すことができるという名が示すように地元の農業者や漁業者なら誰でも出店することができる。２００５年のハリケーン・カトリーナで大きな被害を受け、人々が周辺の都市に避難したとき、マーケットアンブレラを再開すれば人々が戻ってくるだろうと考えていち早く市場を再開したことで知られている。

マーケットアンブレラ［直売広場］（ニューオーリンズ）

シアトルのパイクプレイスマーケットは、３００店ほどが集積する充実したマーケットであり、これがアメリカにおけるショッピングモールの第一号という人もいる。スターバックスの一号店もここにある。マーケットの入り口には、日本人がこの地で農業を営む姿が切り絵調で何枚も展示されていて、日系アメリカ人移住者たちがこのマーケットの初期に貢献したと記されている。

パイクプレイスマーケット（シアトル）

　日本の各種ファーマーズマーケットもそれぞれに個性を競う時代に入った。さらなる発展に期待したい。

column 07

成熟社会になり農作物栽培への関心高まる

◆2015年11月20日 10面（農あるまちづくり7）

農あるまちづくりというテーマが成立する理由の一つに、人々の農作物の栽培に対する興味と関心の高まりが挙げられる。時代が工業化社会から情報化社会に移行し、高齢化・少子化・人口減少・低成長が顕著になった。これを成熟社会ともいう。

成熟社会では人々は生活の質の向上を求めてやまない。ワーク・アンド・ライフバランスが重視され、生活の質を大切にする。生活の質の向上には文化・芸術やスポーツを楽しむことも入るが、食生活の向上も欠かせない。人々は、自分の食べる物がどこでどう作られたかに強い関心をもつ。

今の日本の消費者は農産物の産地や生産者がどういう方法でつくったかを明示することを求める傾向が強く、納得のいかない食品を避けようとする。これは欧米でも同様で、オーガニックという言葉がよく聞かれるし、表示もされる。

そこで、都市において消費者の目が届くところで生産された農産物には人気が集まる。仮に農業者がインターネットなどで販売する場合も、あるいはインショップ販売や直販をする場合も、私がこういう方法でつくりましたという表示が消費者を吸引する。

市民農園や体験農園も農作物に対する人々の関心の高まりの延長線上にあるが、実際に自分で栽培し収穫してみると、つくることの大変さを実感する一方でつくる喜びをも発見し、さらに一歩進んで自分で小さな畑をもったりする例もある。脱サラや新卒で農業者になる例もある。ほかの分野を知っている人の参入が日本の農業を刺激し、その生産・流通全体に影響をもたらすことも期待できる。私たちは成熟社会なりの農あるまちづくりを追求したいと思う。

農業は大変だが、苦心すればそれなりに成果があり喜びがあるというイメージが広がっていくといいと思う。

農業体験農園数の推移（東京）

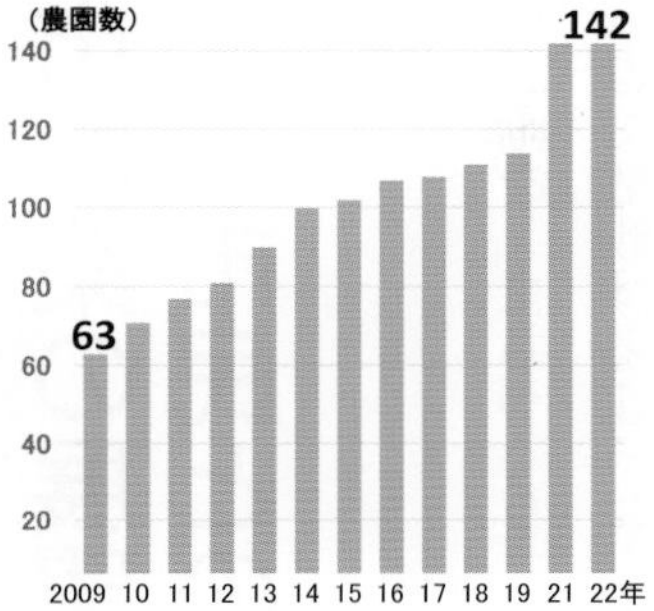

東京都における市民農園および農業体験農園の農園数・区画数（2022年3月現在）

地区名	市民農園		農業体験農園	
	農園数	区画数	農園数	区画数
区内地区	175	9,280	51	5,546
北多摩地区	118	7,072	70	4,331
西多摩地区	86	2,844	19	906
南多摩地区	50	2,274	2	94
島しょ地区	1	5	0	0
東京都合計	430	21,475	142	10,877

農業体験農園数の地区別割合（東京）

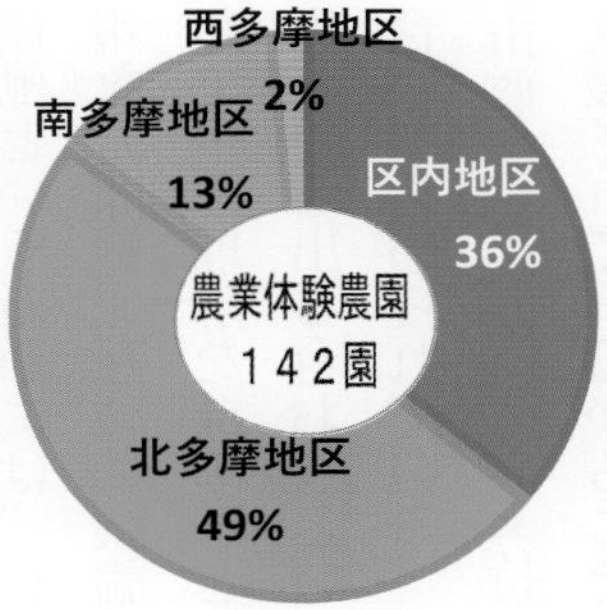

「東京都農林水産部調べ」をもとに作成

工夫を凝らしたラベルが消費者を引きつける

農園前の看板
ＧＡＰやエコのマークが見える

column 08

都市農業の展望 市民との協働で開こう

◆2015年12月18日　10面（農あるまちづくり8）

都市計画を「まちづくり」とひらがなで表現するようになった理由は、都市計画を土地利用計画だけで考えるのでなく、そこで働きそこに住む人たちの視線で福祉、教育、経済、環境など総合的に考えようとする傾向が強くなってきたからだ。

自治体の都市計画部門の名称が、まちづくり政策部やまちづくり課などと変化したのは21世紀に入ったころからだったが、同時並行的にヨーロッパでは空間計画（スペシャル・プランニング）、アメリカでは総合計画（コンプリヘンシブ・プランニング）などと日本と同じような変化が起きたことは興味深い。

日米欧を通じて、このように言葉が変わるのと合わせて市民との協働という概念が普及した。協働という新語には、行政は情報を公開し、互いに議論するなかで相互理解を深め、ともに知恵と力を出し合おうという意味合いが込められている。

都市農業も市民から支持され、支援されているからこそ発展あるいは維持されてきた。都市において農業が業として成立し農地が守られればいいということではなく、市民と農業者の協働が発展して初めて農あるまちづくりへの展望が開けてくる。市民活動やボランティアとの協働に積極的に取り組んで成果をあげている地域も多い。

市民協働という考え方によると、世の中は市場原理による営利活動と税による政治・行政の活動に加え、市民の公益的な活動がそれなりのシェアを占めていて、社会が成熟するに従って市民の公益的な活動がますます伸長していく。日本に昔からある地域の町会・自治体、あるいは商店街や各種の協同組合、社会福祉法人など公益的活動も多様で根強い。

これからの都市農業は、市場原理の世界で生き抜いていく能力の一方で、市民の公益的な活動と協働していく努力も大切だと思う。

↑援農ボランティアの活動
（上）梨の剪定　（下）小豆の選別

↑自治体による援農ボランティアの養成
＜練馬区農の学校　初級コースの様子＞

㈱三鷹ファーム：
農業者６人が発起人（左）となって、「自然と共生するまちづくり」を目的に2010年設立。市や農業委員会、JA等を巻き込んで協議会を立上げて活動している。写真（上）は体験イベントの様子。

column 09

〝アマチュア的農〟の広がりが都市農業振興に

◆2016年1月22日　10面（農あるまちづくり9）

農業は「業」であり、農によって生計を立てることである。庭先に畑をつくったり自家用野菜を栽培する程度では厳密には農業者とはいえない。しかし、たとえ極小規模といえども、自ら農を営むことにより理解が飛躍的に進むことはまちがいない。

農業がいかに手間のかかる事業であるのか、体力を要する仕事であるのか、天候に左右されてリスクの大きい営みであるか、そして収穫に大きな喜びがあることなど、たとえ庭先農業であっても多くのことを学ぶ。

いわゆる体験農業に進むと実際に専門の農業者の指導を受けるので、一層多くを学ぶ。専門の農業者がどれだけ工夫し注意深く作物を育てているか、そして現代農業が多くの先人たちの技術革新や品種改良の歴史の上に成り立っていることを多くの人が知ることはとても大切なことである。

庭先農業や体験農園はアマチュア農業であるが、農地と農業を守るための諸政策に対する支持者を増やしていくために大いに効果がある。

音楽や美術の世界でも、傑出した天才芸術家が輩出する背景には膨大なアマチュア群の存在がある。アマチュアの人たちにとっては必ずしもプロになるのが目的ではなく一生、アマチュアで芸術を楽しむことが人生そのものであったりする。そのすそ野が広いほど芸術の頂点も高くなる。

農業についても同じことがいえる。今日、都市農業の世界では多くの専門的農業者が都市住民が農に親しむための機会を提供し協力している。大都市では戸建て居住よりマンションが多くなり、戸建ての場合も1戸当たりの敷地は狭隘化の一途をたどってきた。

そういう困難な状況下で都市住民がアマチュア的に農に親しむ傾向は近年、むしろ増えている。この傾向をさらに強めていくことが都市農業の振興につながると思う。

農業体験農園

プロの農業者の指導のもとで野菜作りを体験する
いわば農業のカルチャースクール

講習風景　園主の人柄が利用者を引きつける

掲示板には指導内容がぎっしり

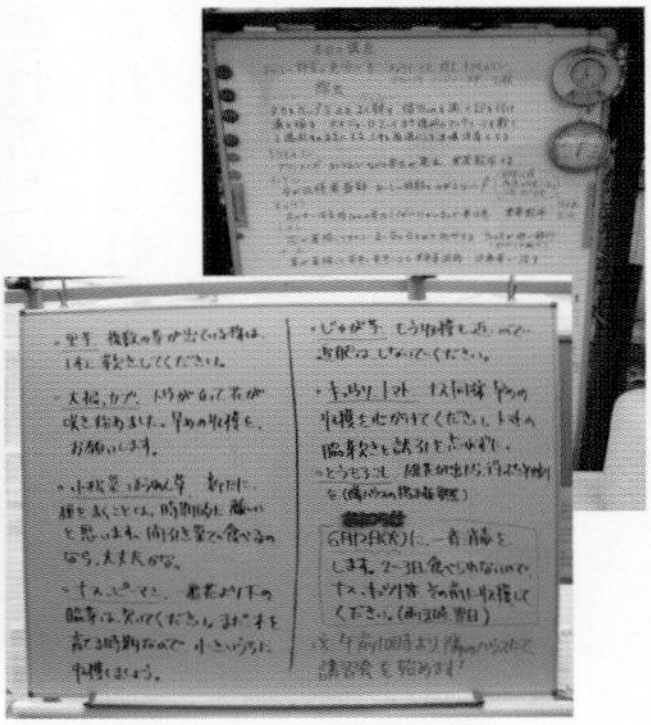

園主の指導で作付から収穫まで　我が農園で作業を楽しむ

全国で増えている空き地 どう活用するか

◆2016年2月19日　10面（農あるまちづくり10）

21世紀に入ったころから全国で空き地が増えている。統計のとり方にはいろいろあるが、大都市圏では概ね土地面積全体の10％以上の空き地があるといわれている。

国土交通省の土地問題に関する国民の意識調査では、「空き家・空き地や閉鎖された店舗などが目立つこと」が大都市圏・地方都市圏を問わず第1位となっている。国民が空き地を気にし始めているのである。

45年ほど前に都市計画法が市街化区域の農地は10年以内に宅地化すると定めた時代には確かに宅地の絶対量が不足していると考えられていた。住宅建設計画法があって自治体は毎年度、住宅建設計画を策定することが求められていた。この法律が廃止され新たに住生活基本法が定められ、これからは住宅の量的拡大でなく質的充実を図ると決められたのは２００６年のことである。同時に都市計画法も改正されるべきだったのかもしれない。

今や宅地を拡大することでなく、増加しつつある空き地をどうするかを議論する時代となった。わが国には農地を宅地に転用する仕組みはあるが、空き地を放置せず活用する仕組みは確立していない。

戸建ての空き家については全国で社会問題になって、ようやく除却（取り壊しや廃棄）などの対策が講じられ始めたが、これからは老朽マンションの除却が問題になると予測され、この対策はこれからである。

戸建て空き家、老朽マンションを通じ、これからは必ずしも建て替えではなく、更地にして別の用途に活用していくことを考える時代になっていく。従来の日本ではなかった政策が求められる。

空き地活用には公園、広場などのほか、当然農地も入る。だがいったん別の用途に使われていた土地を農地とするには相当のコストがかかる。これからはそのコストを誰がどう負担するかの議論もしなければならない。特に都市の自治体は農地を増やす施策を講ずるべきだと思う。

「身近に感じる土地問題」

土地問題に関する国民の意識調査（国土交通省）

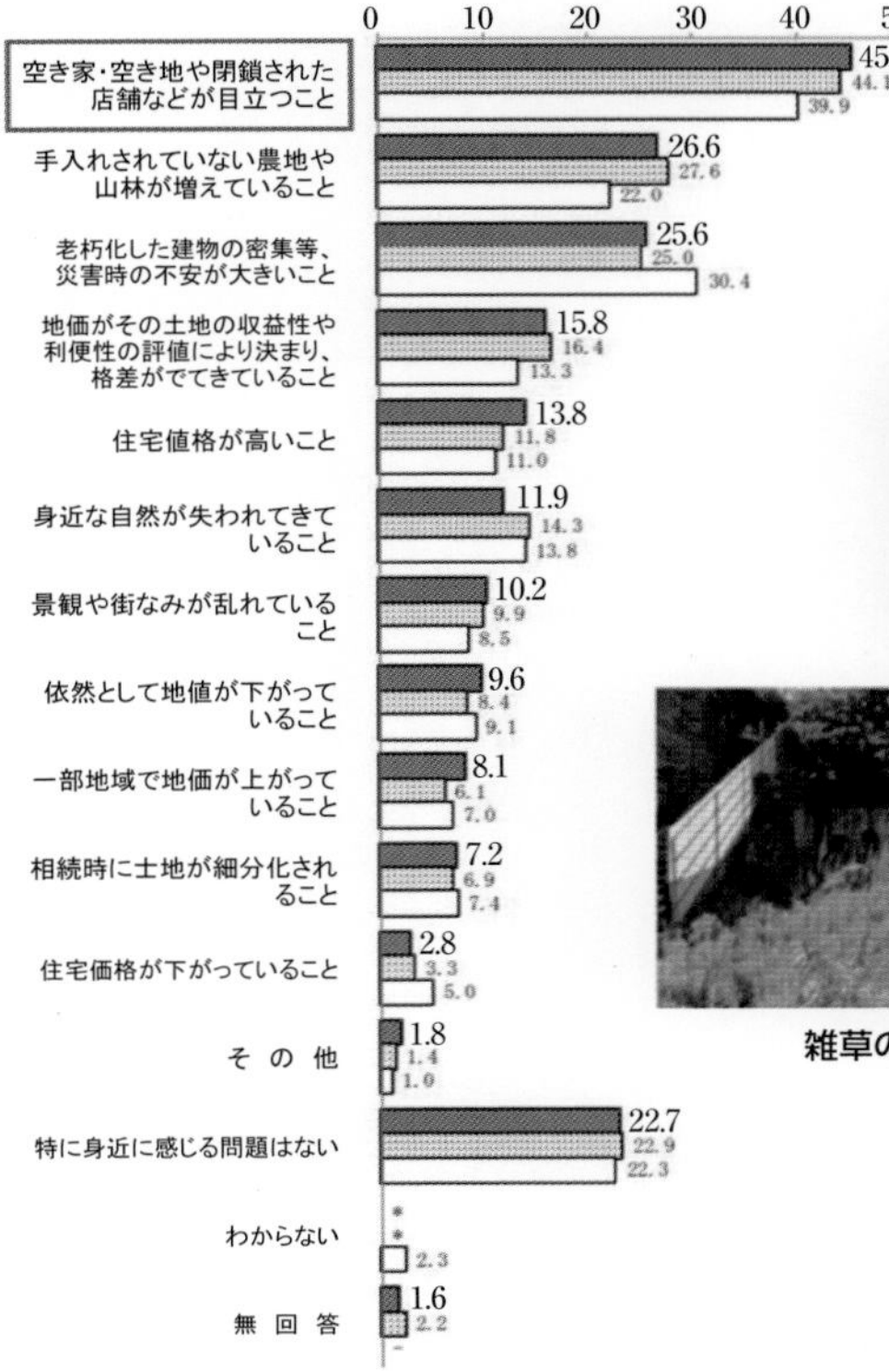

管理が長期間放置された空き地

雑草の繁茂

廃材の堆積

国土交通省資料をもとに作成

第2部

多様な農業経営を支える政策を

市場原理を超越する都市農業者の知恵と精神

都市農業は、小規模家族経営が主体。市場原理に馴染みにくい。
それでも、連綿と続く「自作農創生維持」の基本精神は崩さない。
そこに都市農業者の知恵と逞しさがある。

市場原理では律することのできない部分を視野にいれた議論が重要だ。
柔軟で斬新な発想、市民との協働、先端技術の導入などに学び、
多様な農業経営が成立する条件を整えていく農業政策が求められている。

（2016年3月～2017年3月）

column 11

農業に市場原理をやみくもに導入すべきではない

◆2016年3月18日　10面（農あるまちづくり11）

市場原理は、労働力や商品、原材料などの過不足を市場が自動的に調整するという考え方である。ある商品が多く供給されすぎたら価格が下がるから供給が減るし、供給が少なすぎたら生産が増えるといった具合に市場が調整機能をもつというのだ。

この考え方に株式会社という仕組みが加わり消費文明は大いに進化した。株式会社は出資した株主の責任は有限という考え方である。倒産しても株主は出資額を失うだけですむ。株式会社は普通、利益を上げるから、配当を受け取れるし、価格が上昇した株式を売ればさらに利益を生じる。株主は安心して会社に投資することができる。会社の側は、多くの出資を募って研究開発投資や大規模な設備投資ができる。

このような市場原理の考え方は農業になじむ面もあればなじまない面もある。例えばアスパラ、トマト、ブルーベリーの価格が上昇しているからこれを作ろうといったことは農業者も考える。もちろん畑や施設の条件が合えばの話だが。しかし気温が上がり野菜がとれ過ぎたから野菜づくりを手控えるといったことはできない。農業は天候に左右されるので必ずしも市場原理になじまない面がある。一般に工業製品は大規模工場で作ったほうが生産性が高くなる。しかし日本のように国土の7割が山地で平地が少ない国では大規模農場の建設ができる土地は限られている。

都市農業は市場原理になじむだろうか。その土地からどれだけの経済的収益を上げるかを考えたら、一般にはアパートやマンションを建てたほうがいい。しかし生産緑地法その他の制度もあり、農業者の農業に対する努力や情熱もあって、減少しつつも都市農地はそれなりに維持されてきた。

農業が市場原理に学ぶことは大切だが、やみくもに導入すればうまくいくわけではないということも忘れてはならない。

一般的に、マンションを建てた方が経済的収益は上がる

代々続く農地を守り
新鮮で美味しい農作物を地域住民に届けるために
情熱をもって農業経営に臨んでいる

6～8回転の作付けで高収入をめざす

江戸川区のコマツナのハウス栽培

最新技術で環境負荷を下げ 収量をアップ

東京式の溶液栽培システム

column 12

自作農創設維持の重要性　今も変わらず

◆2016年4月15日　10面（農あるまちづくり12）

戦前から日本政府は、「自作農は土地を愛する念強く、土地の生産力を維持培養し、思想堅実、地方の繁栄に努めるものであり」（大正十三年農商務大臣）自作農が漸減する傾向は好ましくないとして「自作農創設維持」のための政策に努力した。

『農地制度資料集成』第6巻「自作農創設維持に関する資料」（御茶の水書房）によると、明治末期から昭和初期にかけて全国の農家総数約540万戸のうち、自作農家数はだいたい170万戸、小作農家数はおおむね150万戸、自作兼小作農家数は220万戸前後で推移している。傾向としては自作農が少しずつ減少し続けていた。

自作農を創設維持する中心的な施策は小作農が農地を購入するため各金融機関から融資させることであったが、実際には米価が下がると小作時代よりかえって返済金負担が増えたりしてうまくいかなかった。

結局、第二次大戦後、GHQが積極的に乗り出して、農地調整法改正案と自作農創設特別措置法案が国会で可決成立し全小作地の8割が小作人に売り渡される農地改革が実施されるに至った。

冒頭に挙げた大正時代の農商務大臣発言は今日でも通用するものであり、日本の農家の社会に占める重要性をそのままに示している。現代では土地を貸すことによって農地を維持したい人もいるし、農地を借りて経営を拡大したい農家もあり、法人経営により規模の利益を追求する農業者もあり、多様な農地活用が必要とされる時代であるが、自作農という基本原則を崩すとさまざまな弊害も予想される。

特に都市の農業は、一般宅地並みの課税をされると農業収入に比べて過大な税負担が生じて維持が困難となるので税制優遇が不可欠であるが、自作農原則が崩れすぎると農地優遇税制に対する一般市民の理解が揺らぎかねない。都市農地の貸借にあたっては節度も大切だと思う。都市農地貸借円滑化法が貸借にあたって「農業委員会の決定」を必要としたのは一つの知恵だと思う。

農地制度資料集成 第六巻
—自作農創設維持に関する資料—

前田利定　農商務大臣　発言

大正 13 年 2 月小作制度調査会特別委員会

「自作農は、土地を愛護する念強く、随って土地の生産力を維持培養し、思想健実、農村の中堅として、地方の繁栄につとむる等、国土経営上、将た農村社会上額る重要なる地位を占むるものである。然るに現下の情勢は明治 41 年より大正 10 年に至る 13 年間に毎年平均 1 万」余戸づつ自作農が減少しつつある。故に農村の振興を策するには、自作農減退の実情と原因とを調査して、これが維持の方策を講じ、自作農地造成の計画をたて、相当経費を以って、これが創設をなす必要がある。これ、小作農に土地取得の機会をあたえ、その希望を満足せしむる所以であって、小作問題解決の重要な一方法として農村社会安定上小作事情の改善と相並んで刻下の急務とするものである。」

農地改革表（農林省統計局資料より）

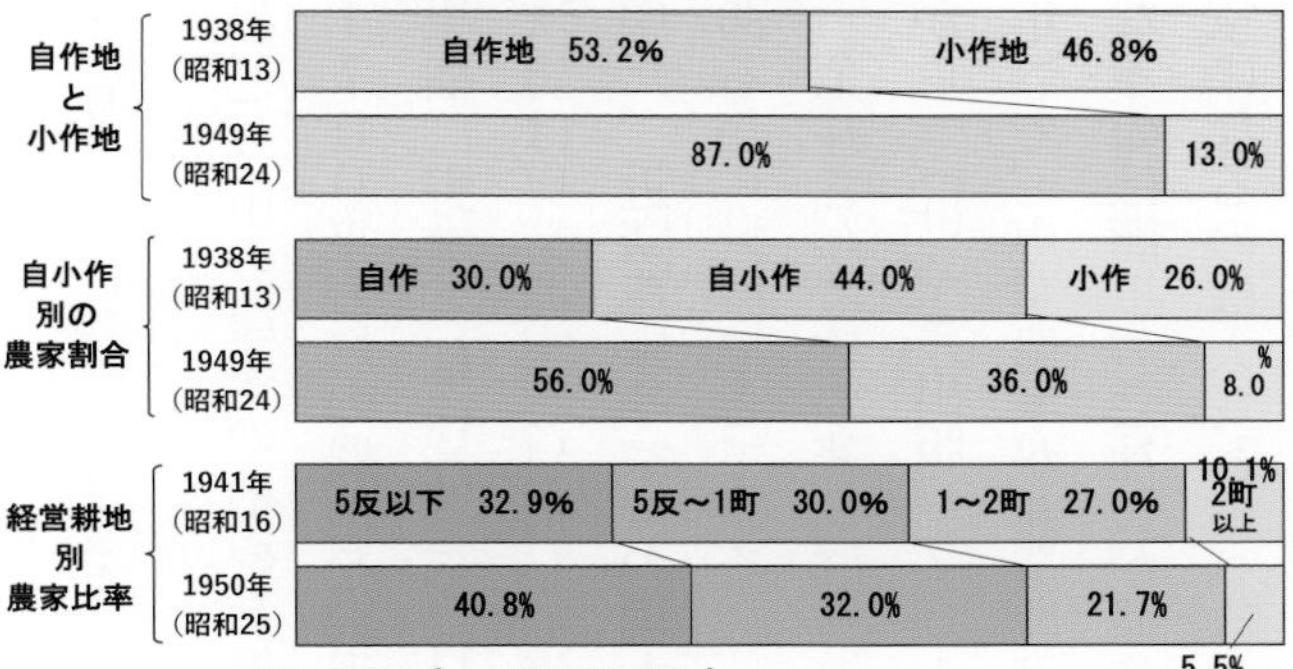

1反≒1,000㎡　1町≒10,000㎡

山川出版社「詳説日本史」をもとに作成

column 13

兼業からスタートする新規就農も視野に

◆2016年5月20日　10面(農あるまちづくり13)

近年、全国の都市自治体は新規就農に力を入れ、さまざまなプログラムを用意しているし、既存の農業者側も受け入れに積極的で協力的な傾向が見られる。

新規就農は必ず専業でなければというわけではない。農家も兼業が多い。例えば2014年度に東京都農業会議が実施した調査では、回答した農家702件のうち、「家の収入に占める農業収入の割合」が100%の農家は5・1%に過ぎず、半分以下が7割近い。農外収入の大半は不動産運用や他産業からの給与収入が多いといわれる。

新規就農も兼業から始める場合があっていい。農業全体としてプロフェッショナルな専業農家を基軸に、兼業など多用な経営が存在し、就農が相次ぐことが望ましい。

東京都心の大手不動産会社の部長を務める金井聡さんはリタイア後の人生を考え、都内で体験農業をスタート。群馬県の農業指導センターの紹介で、みどり市の農家の指導を得て1700平方㍍の農地を取得し果樹、野菜、稲作などを行う。次男は専業農家を目指して修行中だ。近隣農家や家族の協力があるから営農できている。

金井さんはその著「群馬の畑から」(けやき出版、2012年)で、専業農家が兼業農家になるのは簡単、会社員が兼業農家になるのは大変と述べる。私が勤務する大学の学部生で地方出身者には「出身地の自治体や会社に勤務しながら農業・農地を継承したい」という人が少なくない。農業収入が一般的には多額ではなく、天候や市場動向によって安定性を欠くことなどを考えると兼業志向もありうるといえよう。

新規就農後、数年間は生活できる農業収入が期待できない以上、兼業からスタートする方法も視野にいれていい。政府のいう6次産業化にもそういう視点が入っていると受け取ることもできる。多様な形で農業経営が成立する条件を整えていくことが大切だと思う。

販売農家・自給的農家別農家数の推移
(東京)
農林水産省「2020年農林センサス」

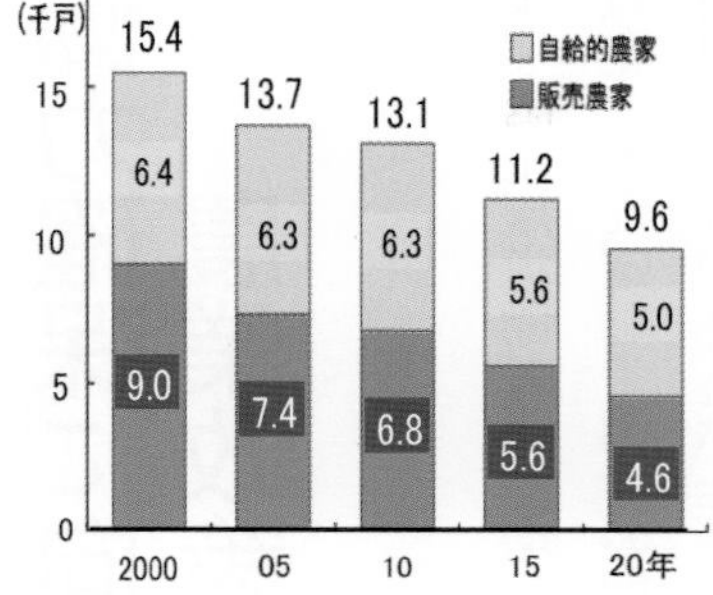

販売農家が5000を切り自給的農家数を下回った

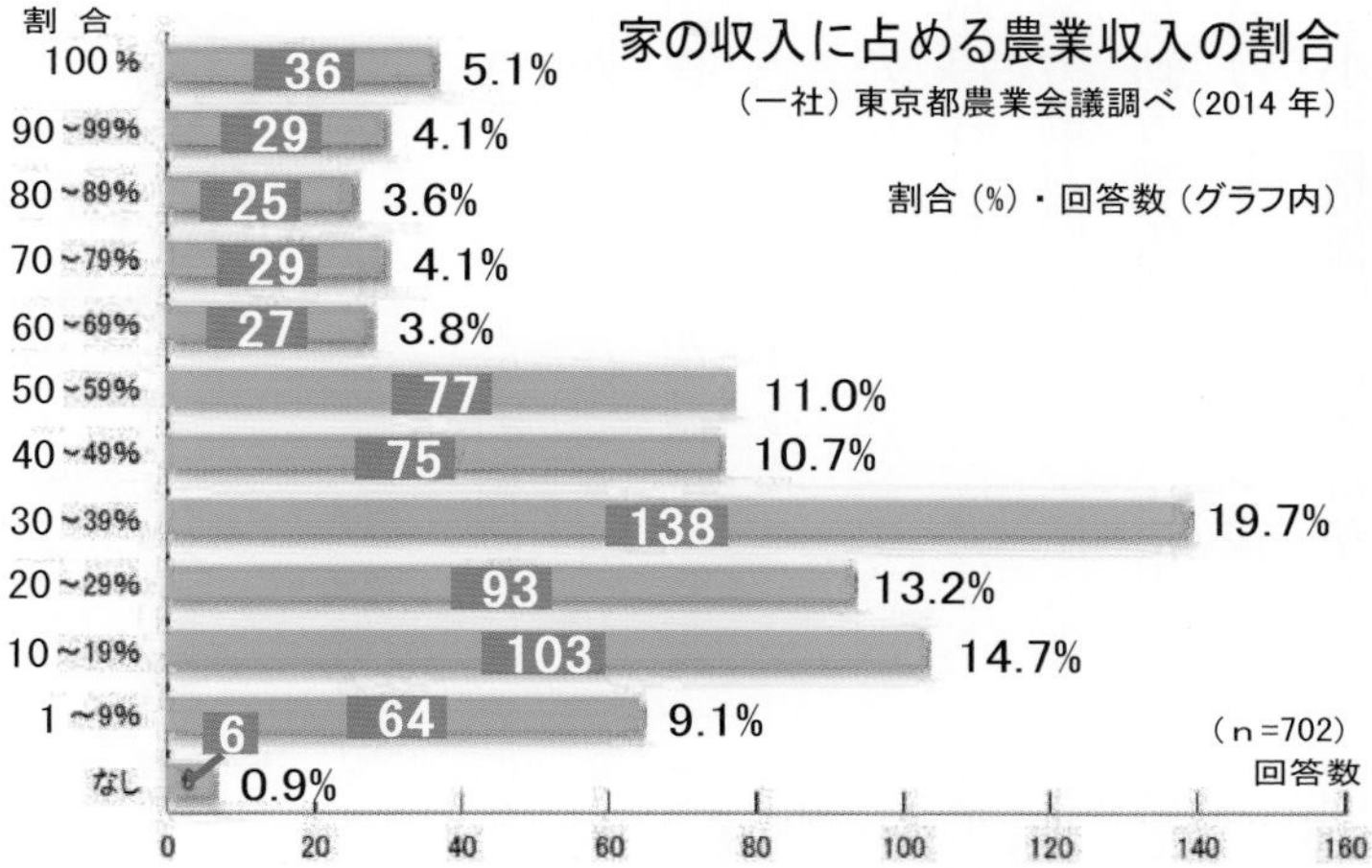

大原賢士さんは生産緑地を借りて就農開始。現在は規模を拡大し8000m²を営農する

デュラント安都江さんは作業場も水もない畑で就農開始。無農薬栽培を実践する

column 14

労働力確保に向け農業政策の多様化を

◆2016年6月17日 10面（農あるまちづくり14）

いま、非正規労働者が激増して低賃金・不安定な労働者の増加が問題となり、それが非婚・少子化の原因で、社会保障制度がうまくいかない原因だという論調が目立つ。だが、近代から現代に至る歴史を見れば農業の社会は一貫して低賃金・不安定だった。子供は貴重な労働力だが、大人になると次男、三男は家から出て都会に行くか、明治・大正・昭和と日本はハワイ、カリフォルニア、中南米と移民を出してきた。

現代でも農業労働の優位性は定年がないことだけだろうか。大規模化や高付加価値化、直販などで収入をあげる農家も多い。だが、全体には農業で高収入が得られるイメージはなく、農業労働力の確保には、法人化で常勤労働を保障する、技術力・販売力によって高所得を確保する、小規模営農でも所得が得られる条件を整備する、さらには兼業の新規参入者を増やす、そんな多様な方策の実現が必要だ。もちろん外国人労働力の増加も一つの選択肢だ。だが、日本人の生活習慣や考え方からして、大量の移民を呼ぶ政策を世論が受け入れる時代がすぐに来るとも思えない。外国人技能実習生制度のような限定的な形は別として、外国人労働力の活用はできないかもしれない。

先日、旧知の仲のドイツ南部・マインブルクの農業者たちが訪日した際、「マインブルクでも今回難民を大量に受け入れた」と喜んでいた。そういう土壌は日本人にはなく、小さな村に大量の難民を受け入れて大丈夫かと不安を感じる人も多いだろう。

高度経済成長時代とは違って、日本の大企業が正規労働者を大量に受け入れる時代は再び来ないだろう。だとすると、農業の側が積極的に新たな労働力の確保に乗り出す政策がもっとあっていいのではないか。農業政策は大規模化・法人化だけでなく、小規模農家の育成にも取り組むべきだ。労働力確保の面からは農業政策の多様化が望ましい。

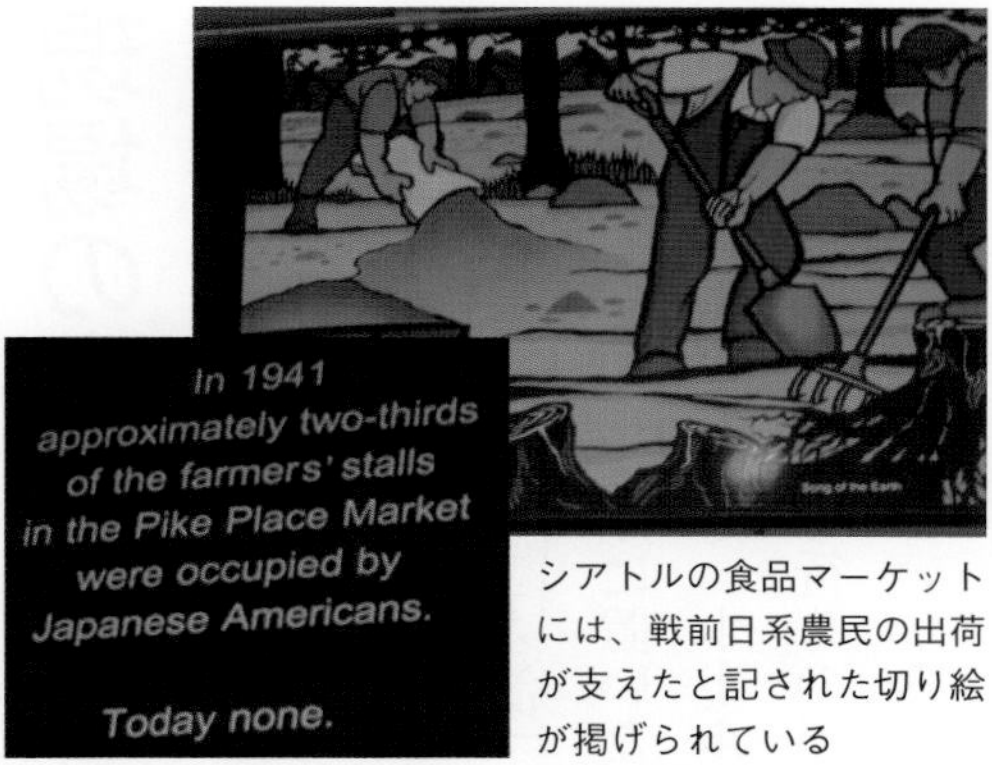

シアトルの食品マーケットには、戦前日系農民の出荷が支えたと記された切り絵が掲げられている

マインブルク市のホップ畑（ドイツ）

農業分野の外国人労働者数の推移

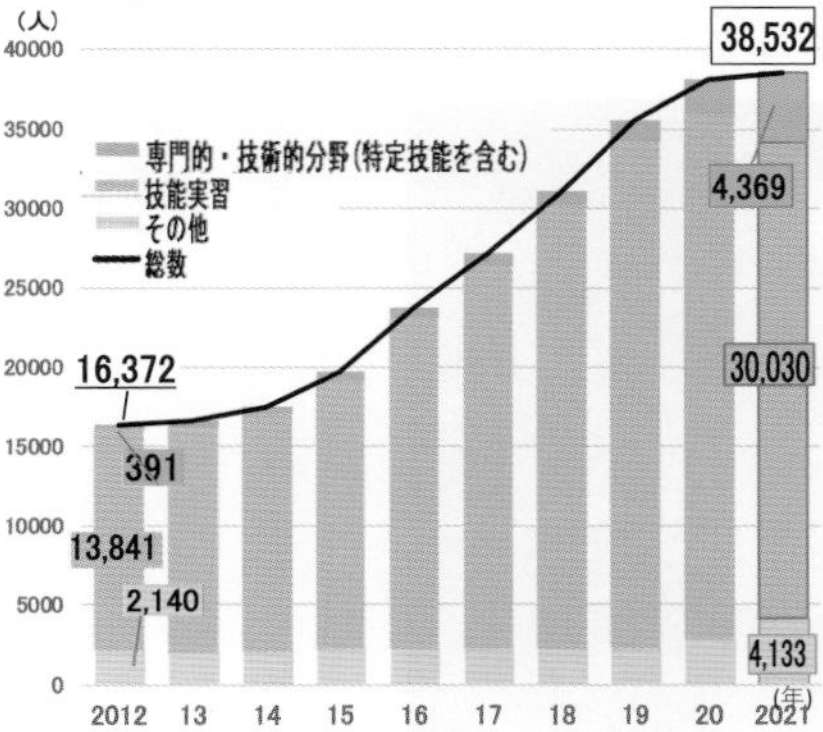

※「外国人雇用状況」の届出は、雇入れ・離職時に義務付けており、「技能実習」から「特定技能」へ移行する場合など、離職を伴わない場合は届出義務がないため、他の調査と一致した数字とならない。

国籍別内訳　2021年（人）

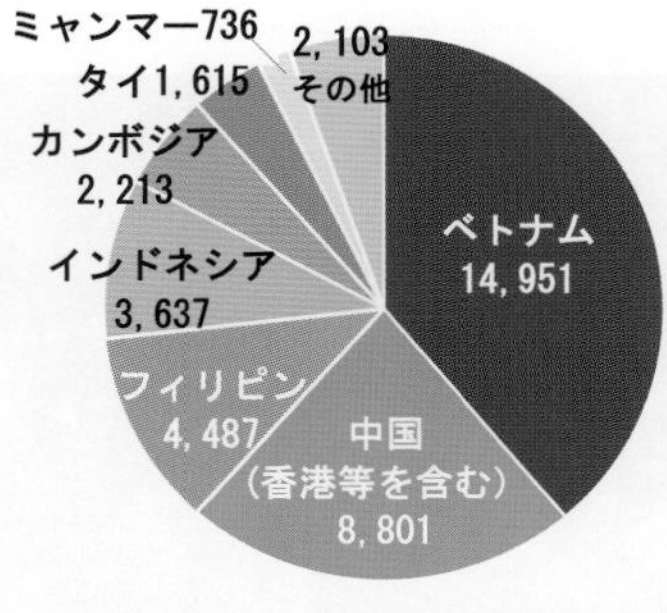

※厚生労働省「「外国人雇用状況」の届出状況」から農林水産省が特別集計（令和３年10月末日現在）

農林水産省「農業分野の外国人材の受入状況」

column 15

現場の声聞く　ホールフーズマーケットに学ぶ

◆2016年7月15日　10面（農あるまちづくり15）

私はニューヨークに行くと、スーツケースをホテルに置いた後、買い物袋を持って「ホールフーズマーケット」へ行くのが常である。一人旅が多いから原則として買い食いとなる。その食料を仕入れにホールフーズマーケットに行き、リンゴ、グレープフルーツ、野菜類、ヨーグルトなどを買い込んでくる。これらは、ニューヨークでも日本と遜色ないものを入手できる。

ホールフーズマーケットは、自然食品、オーガニック・フード、ベジタリアン・フードを中心に、いわゆるグルメ・フードという特定の輸入食品などを扱い、価格は多少割高だが品質はいい。私は買わないがすしをその場で握る店もある。もともと20歳代の若者たちがアメリカで始めたホールフーズマーケット・チェーンは今や全米で３００店舗に発展拡大したので、訪米の際に町で見かけたことがある人も多いだろう。

アメリカの食品といえば、遺伝子操作で作ったジャガイモや

新鮮な食材や花が並ぶホールフーズマーケットの店内

トウモロコシ、けばけばしい包装の加工食品というイメージが定着しているが、一方で、このような店が急速に拡大しているところを見ると、素性が知れたものを食べたいという傾向は必ずしも日本人に特有のものではないのだろう。

　自然食品を中心とするから、仕入れも売り場の従業員が決定する場合が多い。地場産、あるいは近隣産地を中心に仕入れるから、本社の仕入部門ではなく、それぞれの売り場の従業員が決定の主導権をもつ。ついでにいうと、従業員の採用も売り場の従業員にかなり強い発言権があるという。

　海外に進出する強い農業を育てる政策を推進する場合に、大型化とか法人化が決め手になると考えたら必ずしもうまくいかない。家族経営や小規模経営から斬新な発想が出てくること、規模が大きくなっても現場の発想を大事にすることの大切さをホールフーズマーケットの発展が教えていると思う。

屋上のガラスハウスでは葉物を水耕栽培している

産地を示し、地元産をアピール

column 16

得意分野を複数もち　都市化の進行を逆手に

情報・環境・サービスなど多様化している比較的小規模な自営業の世界では、持続可能な経営のために得意分野を複数もつことが必要とされている。もともと自営業として成り立っているゆえんは得意分野をもっているからだが、それが一つだけだとその分野の需要が落ち込み、あるいは何か突発事態が生じたときに、経営が持ちこたえられなくなる可能性がある。

扱う商品やサービスの分野だけでなく、取引先や発注先にも同じことがいえる。東日本大震災の際、世界的な大企業が東北にしか部品工場がなくて生産が止まり、意外にも大企業でもリスク回避策がないことが話題になった。私は都庁を退職して15年以上自営業者として生きてきたので、自分が扱うジャンルを複数もっていないと生活していけないことが骨身に染みている。

そういう意味では、東京・稲城の農家が江戸時代からのナシだけでなく、戦後にブドウの栽培も始めたのは卓見だった。稲城市は面積約18平方キロと東京でも小さい市だ。そこに農産物直売所が約80軒もある。販売品目は多岐にわたるが、かなりの農家がナシとブドウの両方を扱っている。

東京のナシは、もともと江戸時代から大田区羽田付近から多摩川を遡り稲城に至る一帯で栽培されていた。交配により1キロを超える巨大なナシになったのは20世紀になってからである。大粒の高尾ブドウの栽培が始まったのは戦後である。

◆2016年9月16日　8面（農あるまちづくり16）

稲城市には今日なおマンション建設が行われ、宅地化が進行して農地は減少傾向にある。農家は消毒などの作業で住民との関係にかなりの配慮をしているが、そういう困難な環境の中でも充実した直売所が市民に喜ばれている。

　得意分野を複数もつ強みにより、都市化の進行を逆手にとった側面もある。これも農あるまちづくりといえよう。

市民のための直売所や摘み取り園が市内全域に広がっている
贈答用高級果樹で有名だが、地域住民の理解と協力のうえで生産環境を保っている

column 17

イギリスの田園都市に学ぶ
都市農業の運動と共通点

◆２０１６年10月21日　8面（農あるまちづくり17）

　産業革命後、イギリスの大都市では急増する労働者たちが劣悪な住環境に置かれ、富裕層はそれを嫌って郊外に脱出するという都市の混乱状況に見舞われた。一方、郊外に一般勤労者のための理想的な都市をつくろうとする田園都市の運動が始まった。これを提唱したのは社会運動家エベネザー・ハワード。１９０４年、ロンドン中心部から北へ約50キロのレッチワースに１５４０ヘクタールの用地を確保し、建設を開始した。

　次いで１９２０年にはロンドンの北約35キロのウェルウィンでも建設を始めた。現在、レッチワースの人口は約３万３千人、ウェルウィンの人口は約４万８千人である（２０１１年国勢調査）。

　田園都市のコンセプトは、自立した職住近接型の都市を一種の協同組合方式によって郊外に建設することである。住宅やコミュニティー施設は共同出資して、出資者には配当を行う。土地所有は一元化する。

　グリーンを豊富に配し、１ヘクタール当たり30戸程度の低密度居住とし、低層でテラスハウス方式とする。駅にはショッピングセンターをつくる。ウェルウィンでは駅の裏に大きな小麦工場が建設された。まちは田園地帯すなわち農村によって囲まれている。これを彼らはガーデンシティ、すなわち庭園都市と名付けたが、当時の日本人は田園都市と訳した。名訳である。

　実際に田園都市レッチワースやウェルウィンを訪ねると、みどり豊かな森と畑のなかにゆったりと低層の住宅がひろがっており、快適居住が実現されていることが実感できる。まちの人たちは、田園都市第一号であることを誇りにしている。

建設から約百年を経て、レッチワース、ウェルウィンとも現在でも田園都市として維持されている。今日に至っても田園都市構想が目指したものから学ぶものは多い。都市的居住と農村の共存を実現しようとした点は、現代の都市農業の運動と共通のものがある。

イギリス田園都市第一号（レッチワース）

田園都市の創始者エベネザー・ハワードが住んでいた家
（レッチワース）

豊かな緑が美しい（ウェルウィン）

column 18

市場原理だけでは成り立たない日本農業

◆2016年11月18日　8面（農あるまちづくり18）

　市場原理主義、すなわち経済は、原則として自由競争に委ねるという考え方は、現代社会の発展に大いに貢献した。大量生産は私たちに優れた消費財を豊富に供給し、利益追求を目的とした研究開発投資は生活を豊かにした。しかし、工業社会でよく働いた市場原理も、情報化社会では必ずしも上手に機能していないように見える。新たな情報システムや情報化を活用したビジネスは、私たちの生活の利便性を向上させるが、工業や商業、サービス業に比べて期待するほどの大量雇用を生み出さずに巨大な利益を上げ、富の偏在を招き、格差の拡大に拍車をかけている。

　貧困や格差問題の深刻化のなかで唱えられているのが、市場原理では対応できない問題が社会にはたくさんあるという問題意識に立ち、公益活動分野を中心的に担う自治体・地域・協同組合・社会福祉法人・社会企業・ＮＰＯなど非営利組織の活躍に期待する公的ガバナンス論。協同組合などは利益ではなく共益を目的とし、配当はないか、あっても配当の仕方は出資額割ではなく生協のように利用額割だ。組織の議決権の割合も株式会社のような出資額割ではなく平等だ。その分野の基本原理は競争ではなく協調である。このような公的ガバナンス論の考え方を協治・協働主義とも呼ぶ。

　農業の世界から見ると、わが国の伝統的な米づくりのやり方は、協力して水路などの生産基盤を整備し、田植えから収穫まで地域で協力し合ってきたので文化的によくわかる考え方である。社会全体が市場原理を基本に成り立っている以上、日本の農業も生産管理や販路開拓に現代経済文明の利点を十分に活用して収入確保をはかっていくのは当然だが、農業には、最終的にどうしても市場原理だけで律することができない部分がある。その点を常に視野に入れて農あるまちづくりを議論することが大切だと思う。

↑（上）府中用水

↓（下）昭和用水

米作りは都市のなかでも水路の管理など地域の協力を得ながら行われている

成熟社会の特徴と対応

成熟社会に栄えるまち------
交流・創造・文化力

1 ストーリーのあるまちは栄える
2 水とみどりのあるまちは栄える
3 座れるだけで世界一の盛り場
4 歩けるまちは栄える
5 安全で清潔なまちは栄える
6 楽しいまちが栄える
7 おいしいまちは栄える

column 19

生産緑地のゆくえ——30年期限を乗り越えて

◆2016年12月16日　12面（農あるまちづくり19）

1991年の改正生産緑地法は、生産緑地に指定されて宅地並み課税を避けた場合、30年営農しなければ転用・譲渡ができないこととした。それは、生産緑地指定を受けるためのハードルを高くして、当時不足していた宅地をなるべく多く生み出すためだった。早いもので、それから30年が過ぎた。都市部の農業と農地はどうなるか。生産緑地法の改正により営農を続けている場合は特定生産緑地として税の優遇措置を引き続き受けることができることとなった。

一方、これを機会に営農をやめようとした場合、まずは自治体に買い取りを申し出ることになる。しかし自治体には買い取りのための財源がないから、買い取らないかもしれない。転用・譲渡により農地が激減することにもなりかねない。

都市計画法通りなら、市街化区域内の農地は1978年頃には無くなっていたはずだが、この30年間で半分の農地は残せた。生産緑地法の効果は大きかった。既に政府は国土利用計画により、今後の宅地の伸び率ゼロを宣言。農地を減らし、宅地を増やす時代は終わった。都市農業振興基本法も、都市農業が農業者と関係者の努力で継続されてきたと評価。都市住民

東京における都市農業・農地の多面的機能評価（2015年 東京）

生産機能［新鮮な農産物の提供］	約279
防災機能	342
景観形成機能	164
(国土)環境保全機能	527
教育機能	254
文化伝統伝承機能	163
レクリエーション機能	143
健康増進機能	258
生物多様性機能	311
都市農業・農地が有する多面的機能評価額	約2,162

（単位：億円）

に地元産の新鮮な農産物を供給し、防災、景観、国土及び環境の保全、都市住民が農作業に親しみ農業を学ぶ機能の充実を求める。

　住宅や宅地を急激に増やすと経済も社会も混乱する。生産緑地法には税制、農政、都市計画と、多くの専門分野が複雑に関わっている。混乱を避けるために、今から対策を立てなければならない。東京都と（一社）東京都農業会議の調査によると、東京の農家の7割は収入の過半を農業以外の仕事から得ている。プロフェッショナルな専業農家を機軸としつつ、多様な形で農業経営が成立する条件を整えていかなければならない。

生産緑地制度

○市街化区域内の農地で、良好な生活環境の確保に効用があり、公共施設等の敷地として適している500 m^{2}以上※の農地を都市計画に定め、建築行為等を許可制により規制し、都市農地の計画的な保全を図る（※東京都内は各自治体の条例により300m^{2}以上）。

○30年間の営農義務が課され、主たる従事者の死亡等以外での買取申出はできない。

○市街化区域農地は宅地並み課税であるのに対し、生産緑地は軽減措置が講じられている。

〈税制措置〉括弧書きは、三大都市圏特定市の市街化区域農地の税制

・固定資産税が農地課税（生産緑地以外は宅地並み課税）

・相続税の納税猶予制度が適用（生産緑地以外は適用なし）

　※特定生産緑地として指定されなかった場合等は適用なし

都市農業・農地の
多面的な役割と機能
（都市農業振興基本法 第3条）
新鮮で安全な農産物の供給
○消費者が求める新鮮で安全な農産物の供給、「食」と「農」に関する情報提供等の役割
災害時の防災空間
○火災時における延焼の防止や地震時における避難場所、仮設住宅建設用地等のための防災空間としての役割
農業体験・交流活動の場
○都市住民や学童の農業体験・交流、ふれあいの場及び農産物直売所での農産物販売等を通じた生産者と消費者の交流の役割
国土・環境の保全
○都市の緑として、ヒートアイランド現象の緩和、雨水の保水、地下水の涵養等に資する役割
心やすらぐ緑地空間
○緑地空間や水辺空間を提供し、都市住民の生活に「やすらぎ」や「潤い」をもたらす役割【良好な景観の形成】
都市住民の農業への理解の醸成
○身近に存在する都市農業を通じて都市住民の農業への 理解を醸成する役割

国土交通省資料をもとに作成

column 20

プランテーションから教わる多様性

◆2017年1月20日　10面（農あるまちづくり20）

　2017年の正月休みに市民活動グループでアメリカのニューオーリンズへ行った。2005年のハリケーン・カトリーナで大きな被害を受けた現地の人々と交流を続け、復興プロジェクト10年のミーティングを持ったのである。私にとってはこの時が11回目の訪問だった。

　ニューオーリンズといえば、プランテーション(大規模農場)が知られている。今回も一行を案内して伝統ある農場の一つを訪問した。プランテーションは、砂糖、綿など単一作物を広大な農地で生産し、奴隷労働やそれに近い形で半強制的に安い労働力を大量に使用して利益を上げる。さすがにこのような農業は現在のニューオーリンズにはない。今、ニューオーリンズでプランテーションといえば、一種の観光施設であり、昔の奴隷労働を説明する場となっている。郊外に農地・邸宅ともにいくつも保存され、ボランティアグループの運営によって観光客を受け入れている。売店では、手作り風の凝った装飾品が売られている。

傘一本で直売できるアンブレラの回復が復興の象徴
鐘を鳴らしているのは平野祐康 元三宅村村長

　ニューオーリンズの繁華街はフレンチ・クオーターと言われ、

ニューオーリンズのプランテーション
日本の屋敷林と同じような森がある

ニューオーリンズの農場の屋敷林

ルイジアナ州一帯はかつてフランスの植民地だった。そもそもニューオーリンズという名前はラ・ヌーベル・オルレアンから来ている。アメリカ合衆国は、ニューオーリンズを含むルイジアナ州を１８０３年にフランスから買った。

現在のニューオーリンズの農業は、野菜や果実を中心に家族経営的な小規模経営も盛んだ。自営の農業者が直販するためのマーケットも開かれている。漁業はベトナムから移り住んできた、やはり小規模な漁師たちが互いに協力し合いながら営む。結果としてニューオーリンズでは新鮮な郷土料理に恵まれ、観光振興に役立っている。

今日、アメリカのような大陸でも大規模農業だけが栄えているわけではない。多様性が消費実態にマッチする場合もある。私たちは改めてこのことを思うべきである。

相性がいい農業と人工知能（AI）

◆2017年2月17日　10面（農あるまちづくり21）

人工知能（AI）という言葉があっという間に流行語となった。略さずアーティフィシャル・インテリジェンスと言うと、一見なじみのない言葉に感じられるかもしれないが、誰でも知っている英語である。

アーティフィシャルのアートは、例の芸術のアートである。アートは学問、技術、熟練、人工など幅広い意味をもっている。たとえば囲碁の世界では、定石を記憶する能力も重要な要素となるため、人工知能が人間を超えようとしているという説もある。インテリジェンスは知能、知恵、知性である。

農業の世界でも人工知能は既に活躍している。農業者と会議を開いていると、「ハウスの温度が上がった。窓を開けなければ……」と言ってその指示をスマホやタブレットで行っている場面を見ることがある。

東京の酪農業協同組合が大同団結して20周年を迎えた記念会合の席で、組合の幹部の人も搾乳をロボット方式で行っていると聞いた。牛が搾乳コーナーに入っていくと、それを感知して自動的に搾乳装置が動き、搾乳する仕組みだ。

これらは一種の人工知能であり、３６５日24時間油断ができない農業の世界においては、特に休みを取れない酪農の世界で労働や生活のスタイルを飛躍的に改善する可能性を持っている。人工知能やロボットは若者の世界かというとむしろ逆で、体力が衰えた人が若者と対等に競争するためには、こういうものが普及した方が良い。

技術というものは進歩すればするほど、容易に使いこなせるように進化するものである。25年ほど前には、パソコンを購入してもインターネットにつなぐのに四苦八苦したものだが、今ではスマホを入手した時点でボタン一つでつながるようになっている。

東京都農林総合研究センターでは、ＩＣＴ（情報通信技術）やＡＩを活用した研究を盛んに行っている。農業と人工知能の相性はいい。経験豊富な高齢の農業者が人工知能やロボットを使いこなせば、まさに鬼に金棒だと思う。

東京フューチャーアグリシステム
[東京型統合環境制御生産システム]

システムの構成

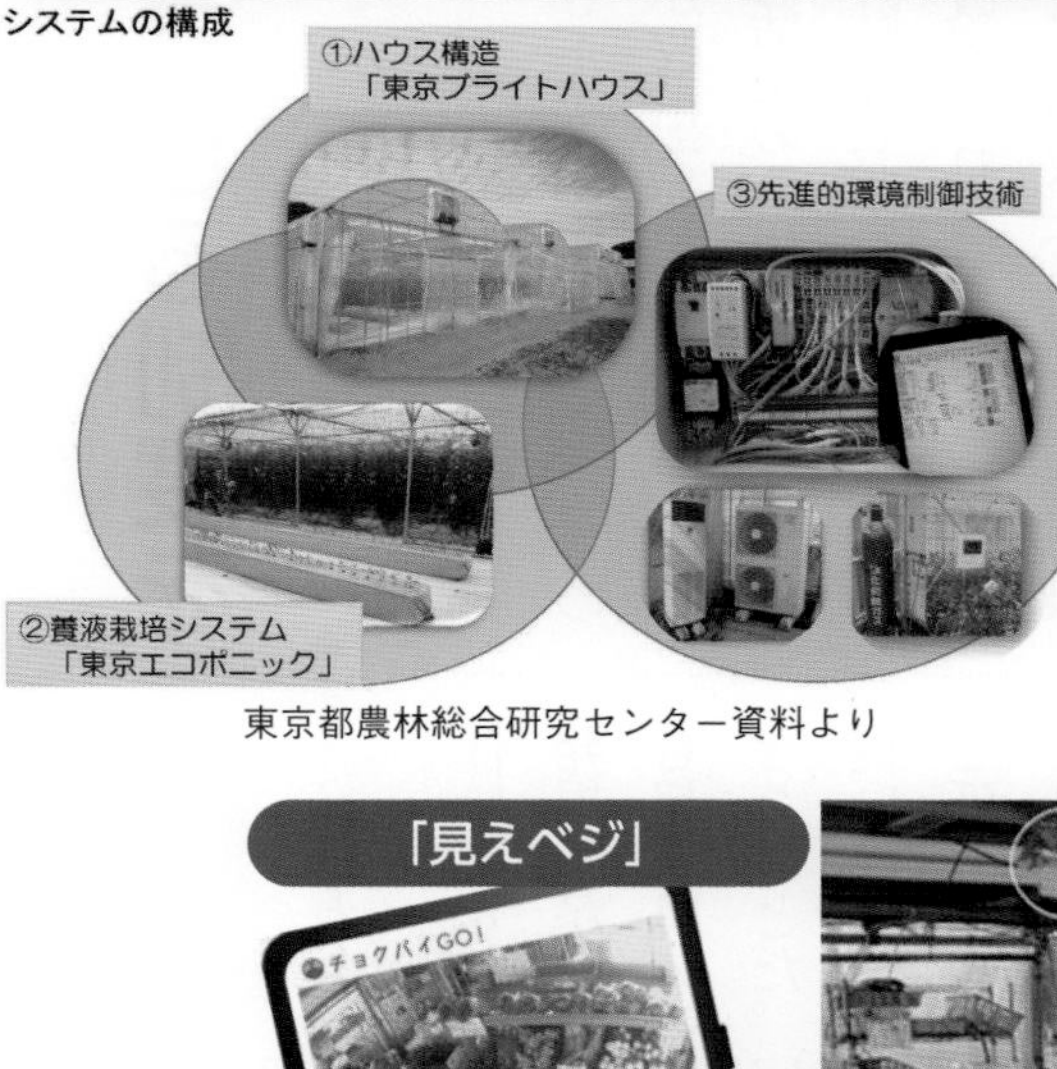

東京都農林総合研究センター資料より

タブで温湿度・通風管理

「見えベジ」

東京都農林総合研究センター、Veggie、LAplust、東京大学大学院農学生命科学研究科が共同開発。庭先直売所の売り場をスマートフォンでリアルタイムに見られる

column 22

若い農業者が安心して経営できる制度を

◆2017年3月24日　12面（農あるまちづくり22）

毎年2月に行われる東京の農業者大会では、若手後継者の代表として顕彰を受ける人たちが舞台の上に並びきれないほど大勢登壇する。東京のように、他の職業の誘惑がたくさんある大都市でも、これだけ多くの若者が農業に精を出しているのかと思うと心強い。この顕彰は40歳未満が対象で、異業種を経験して農業に入ってくる人も多い。他の職種の経験が若者のこれからの農業経営に必ず生きることだろう。ぜひ生かしてほしいと思う。

２０１７年に都市緑地法等の一部が改正された。都市農地の保全・活用のため、生産緑地法、都市計画法および建築基準法なども改正された。

これらの改正により、生産緑地は一律５００平方㍍以上とする面積要件を自治体の条例で緩和できることとなった。生産緑地内で直売所や農家レストランなどの設置が可能となった。都市計画上の用途地域に新たに田園住居地域が創設され、地域特性に応じた建築規制、農地の開発規制が可能となった。いずれも都市農業者らが強く要望してきたことだ。同時に生産緑地の買い取り申出が可能となる始期を延期し、30年経過後は10年ごとに延長ができる制度改正が盛り込まれ、生産緑地は引き続き特定生産緑地として税の軽減を受けることができる。

しかし、１９９１年の改正生産緑地法の背景には、当時不足する宅地を増やしたい事情もあった。単に10年延長可という制度でいいのだろうか。数年後に30年営農義務期間を達成した農地が一斉に宅地化されると、都市の土地利用が混乱するという懸念にどう応えるのだろうか。一生を農業のために尽くそうとする大勢の若者が壇上に並ぶ姿を前に、この人たちが将来への不安を感じることなく農業を営むことができる制度をつくっていかなければならないと強く思った。

農地は輝く未来の宝 「守ろう」「活かそう」「役立てよう」
第64回 東京都農業委員会・農業者大会
後継者顕彰表彰式

都市緑地法等の一部改正

平成29年5月12日公布

都市農地の保全・活用

【生産緑地法、都市計画法、建築基準法】

○ 生産緑地地区の一律500㎡の**面積要件**を市区町村が**条例で引下げ可能**に(300㎡を下限)

〔(税) 現行の税制特例を適用〕

○ 生産緑地地区内で**直売所、農家レストラン**等の**設置を可能**に

市街地に残る小規模な農地での収穫体験の様子(イメージ)

○ **新たな用途地域**の類型として**田園住居地域を創設**
(地域特性に応じた建築規制、農地の開発規制)

都市公園の再生・活性化

【都市公園法等】

○ 都市公園で**保育所等の設置を可能**に(国家戦略特区特例の一般措置化)

○ 民間事業者による**公共還元型の収益施設の設置管理制度**の創設

- 収益施設(**カフェ、レストラン**等)の設置管理者を民間事業者から**公募選定**
- 設置管理**許可期間の延伸**(10年→20年)**建蔽率の緩和**等
- **民間事業者が**広場整備等の**公園リニューアルを併せて実施**

○ 公園内の**PFI事業に係る設置管理許可期間の延伸**(10年→30年)

○ 公園の活性化に関する**協議会の設置**

緑地・広場の創出

【都市緑地法】

○ **民間による市民緑地の整備**を促す制度の創設

－市民緑地の設置管理計画を市区町村長が認定

○ **緑の担い手として民間主体を指定する制度の拡充**

－緑地管理機構の指定権者を知事から市区町村長に変更、指定対象にまちづくり会社等を追加

地域の公園緑地政策全体のマスタープランの充実

○ 市区町村が策定する「**緑の基本計画**」(緑のマスタープラン)の記載事項を拡充 【都市緑地法】

—**都市公園の管理**の方針、**農地を緑地**として政策に組み込み

国土交通省資料をもとに作成

都市農業の時代

第3部

都市自治体は農地に積極的な投資を

農地をめぐる土地政策と食料安全保障

空き地問題が全国的に深刻だ。
都市では宅地と空き地、そして農地の混在化の進行が懸念される。
農業者にとって線引きがどうあれ、「農地は農地である。」
農地を守り拡大することにこそ公的資金の投入を行うべきである。

人口集中の都市部における食料危機への備えには、
国策として、小規模農家の育成に力を入れることが必要である。

（2017年4月〜2018年1月）

column 23

これからは都市の農地に積極的投資を

◆２０１７年４月21日　10面（農あるまちづくり23）

日本銀行の統計によると、国内銀行による不動産業向け新規設備の投資貸出が近年最高水準で推移している。いわゆる地域金融機関も含めると、１年間にマンション・アパートなど建設のための投資に対する新規融資は12兆円を超え、バブル時の10兆円を大きく超えるという報道もある。

一方でこの数年、日本では空き家の放置が問題となっている。全国世帯数に比べ住宅戸数は15％以上も上回り、これもまた過去最高水準となっている。都市とその近郊におけるマンション・アパート市場は、総量あるいは全体として供給過剰の状態に近い。価格は、わずかな供給過剰でも大幅に下落することがあり、注意が必要だ。

土地価格の統計を見ると、リーマンショックの後、商業地の価格に比べて住宅地の価格は既にかなり上昇した。都市における宅地、特にアパート・マンションの供給と需要のバランスについては今後、様子を見守るほうがいい。

国連によれば、世界人口は現在の73億人から２０５０年には１００億人に達する可能性があるという。これから30年弱の間に現在の25％近く増えてしまうのである。結果として、水と食料の絶対的不足時代の到来が間近ともいわれる。だから日本の産業政策は農業を増やす方向にいかなければならない。

これまで都市で農業を営む人たちは、農村のような共同作業ができず、水路が分断され、近隣の住民から土埃や肥料の匂い、農薬散布などの苦情を避けるためのさまざまな工夫をし、周辺から孤立しながらも高い志をもって営農してきた。

これからの日本の土地政策は、宅地の大量供給や急激な放出について慎重であるべきだ。

今まで、都市における公園を充実するために多額な税を投資してきた。これからの都市は、農地を守り拡大するためにこそ積極的な投資を行うべきだと思う。

鳥害防止にもトラブル解消の知恵が窺える。
異端の根性がないと都市農業はできない

生産緑地にあるナス名人の畑。ナスは絶品、畑も実に美しい

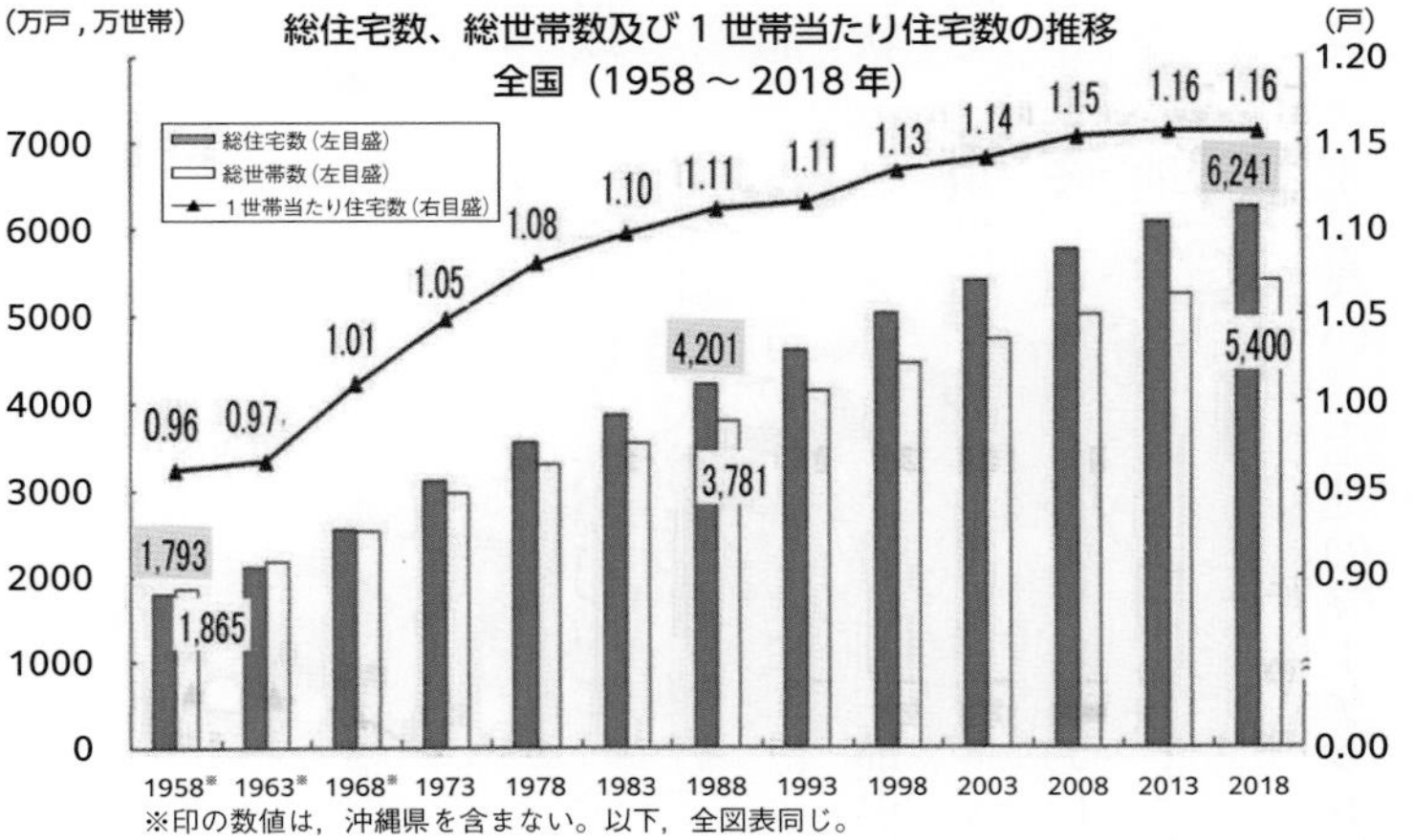

総務省「平成30年住宅土地統計調査」

column 24

空き地問題の顕在化と今後の都市農業

◆2017年5月19日　10面（農あるまちづくり24）

国交省の会議で「空き地問題」が話題になった。私は、「日本は人口減少時代が到来して宅地を増やす必要はないのに、土地関係の法律や税制はいまだに宅地を増やすための制度になっている点が最大の問題」と発言した。

我が国では、法人が所有する土地よりも世帯が所有する土地の方が多いが、同省の土地基本調査によると、世帯が所有する土地のうち空き地面積は2008年の632平方キロから2018年には1364平方キロに増加。空き地が10年で2倍以上に増えた勘定だ。

かなりの土地が放置され、都市や農村の土地利用が虫食い状態となっている。これが農地であれば、農地法による所有者不明遊休農地の公示制度や農業委員会による把握など、対策に取り組む端緒があるが、宅地の場合は所有者不明、相続未登記、多数共有など、さまざまな問題があり、放棄された土地もしくは空き地問題が全国的な問題になってきている。

こういう状況の中で、全国で宅地の大量供給が続いている。同省が作成した資料によると、2014年の全国宅地供給量は61・42平方キロとなっている。空き地が増えているのに宅地が供給されているのだから、全国の土地利用がうまくいくはずがない。土地のマーケットにおける需給関係や価格動向がどうなるか、さらにはマンションやアパートの需給関係がどうなるか、関係者には慎重な判断が必要とされる。特に都市部では宅地と空き地、そして農地の混在化がますます進行していくことが考えられる。

都市の農地は長い間、宅地によって浸食されてきたが、これからは大きく様相が変わる。一部では農地の宅地化があるとしても、一方ではそれを上回る量で宅地を農地にまとめていく発想や政策が必要となる。

２０１７年に成立した生産緑地法の改正を良い方向に生かすことができるかどうか、自治体の力量が問われている。

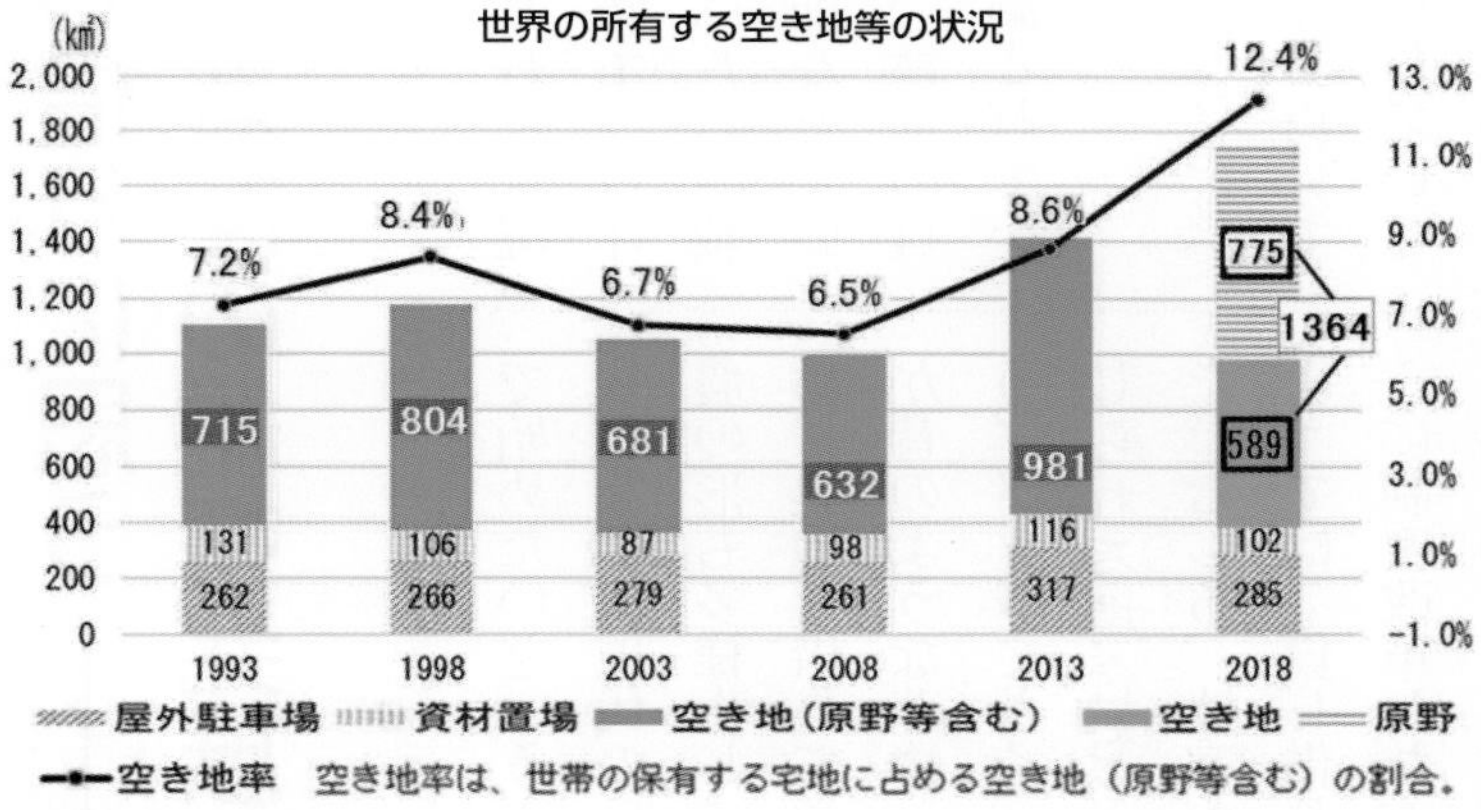

※世帯土地統計より作成。
国土交通政策研究所紀要第 80 号「増加する空き地の現状について」

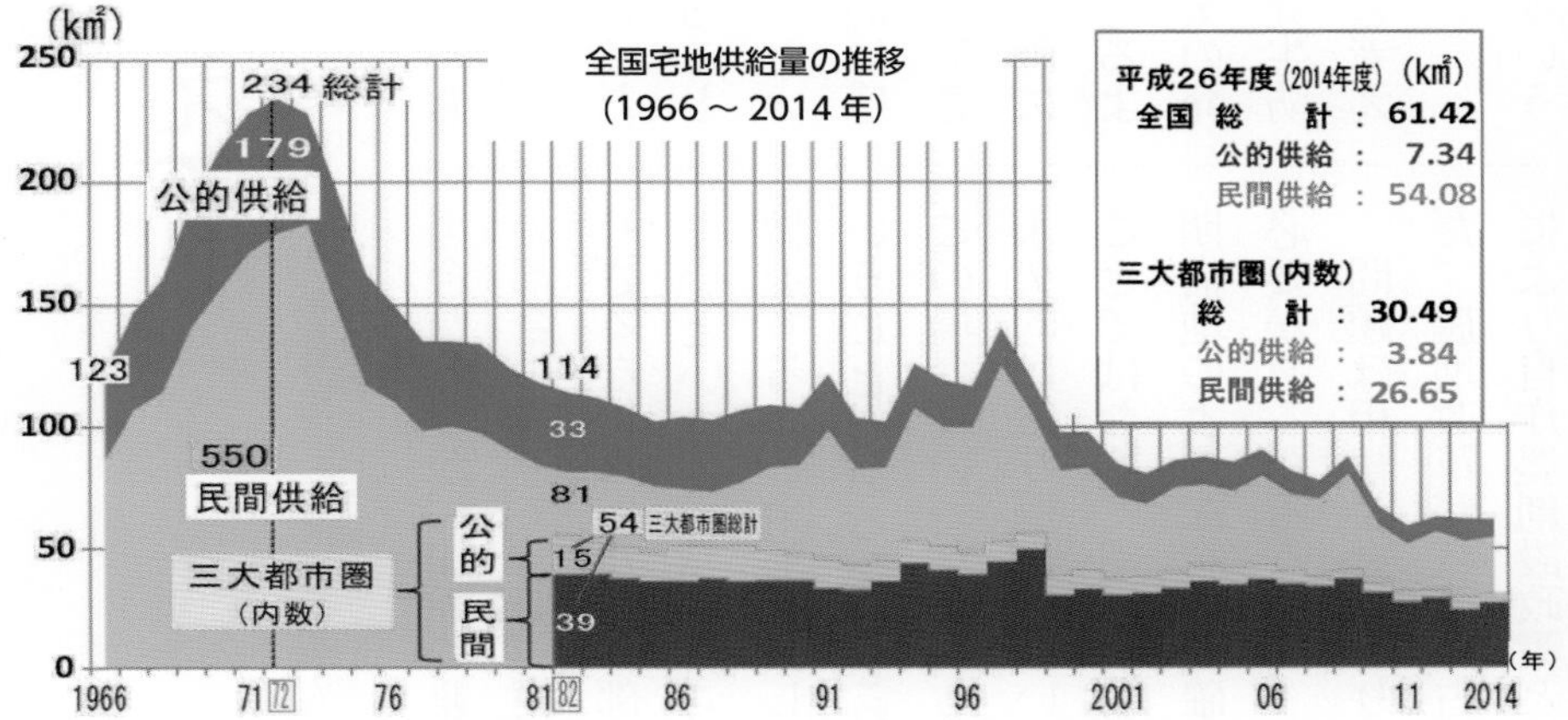

国土交通省「平成 28 年度住宅経済関連データ」等資料及び中村美和子氏論文等をもとに作成
(「人口減少時代の郊外住宅地における低素型居住とまちづくりに関する研究」日本大学大学院生物資源科学研究科中村美和子（2018 年）)

column 25

農地の貸し借りに思う――農業の維持発展を考えて

◆2017年6月16日　10面（農あるまちづくり25）

戦前は小作農の置かれた状況が問題となり、農業政策は自作農の増加を目指していたし、戦後は耕作者所有の原則などという言葉があり、近年、農地の貸し借りが盛んに議論されている。

農地を借りたいというのは、どういう場合だろうか。自分で農地を所有して営農しているが、さらに規模拡大したいということはある。購入する資金はないが賃料は払えるという場合もある。新規就農をまずは借地で始めたいという人もいるかもしれない。現代の日本では、営農の形も多様化してきているため、農地を借りて営農することが昔のような悲惨とか隷属というイメージでなく、合理的に感じられる場合も多くなってきた。むしろ、農家の営農計画によっては、貸し借りができるように制度改革した方が農業の発展のためにも耕作放棄地発生防止のためにも効果があると考える。

貸したいというのはどういう場合だろうか。加齢や兼業などの都合によって営農規模を縮小せざるを得ないから一部を貸したいということがあるだろう。撤退するから全部を貸したいということもあるかもしれない。この場合、いったん貸したら半永久的に取り返させないということではなく、宅地の場合の定期借地のような制度を確立する必要があるだろう。

問題は相続と貸し借りの関係だ。農地改革が戦後の占領政策により自作農創設政策として実施されたとき、最も問題となったのは均分相続による農地の細分化だった。農地については、一括相続という法案も試みられたが、均分相続の絶対原則があって実現しなかった。営農せず貸せばよいという気持ちで農地を相続すると、あとから問題が生じる。相続を機会に農地が細分化あるいは宅地化されることを防ぐための方策も必要だ。日本の農業の維持発展を考えると、農地の貸し借りは農業委員会や自治体が関わった形で上手に行われることが必要だと思う。

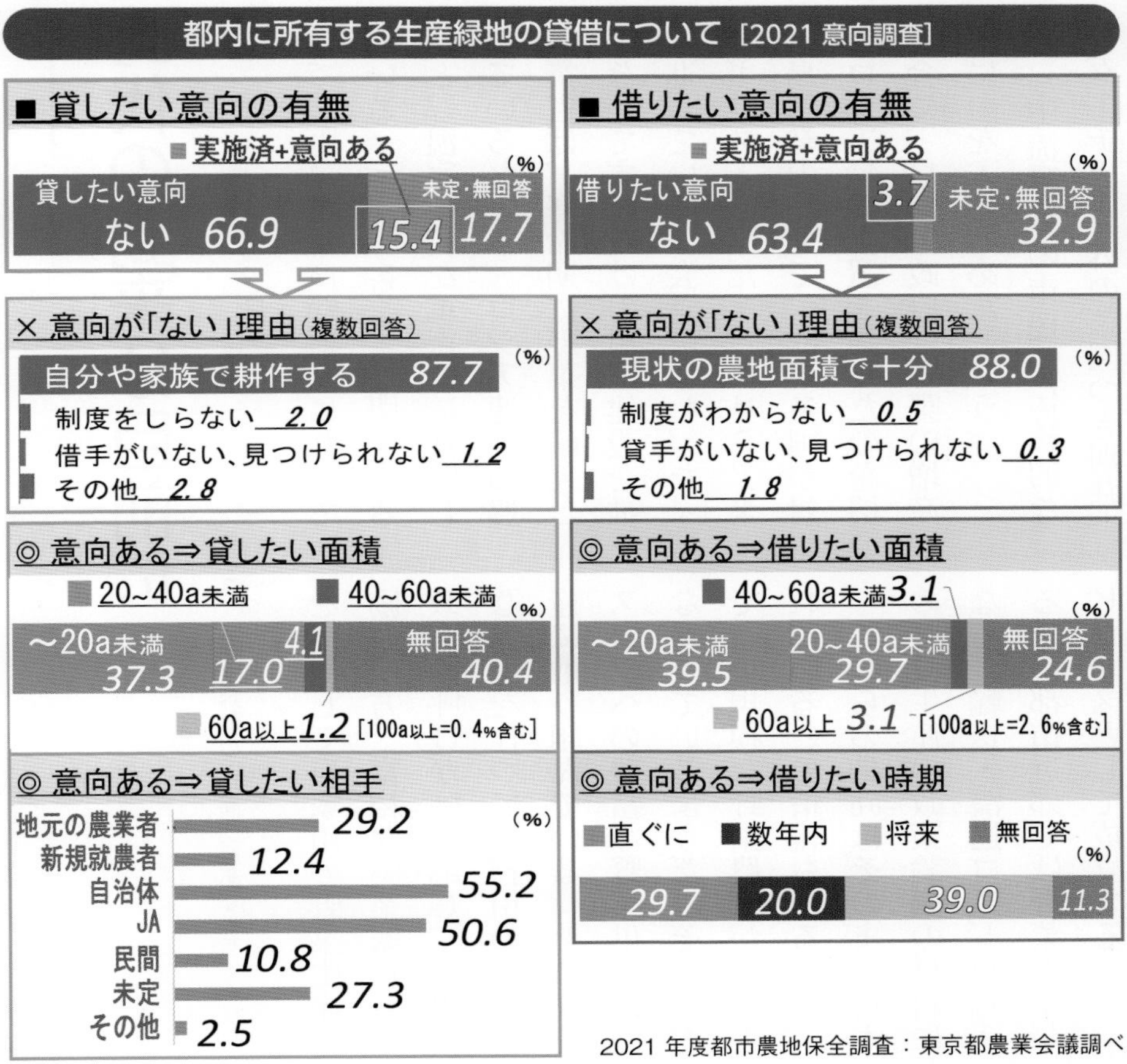

2021 年度都市農地保全調査：東京都農業会議調べ

column 26

都市の野菜生産——食料不足時代の到来は目前に

◆2017年7月21日　10面（農あるまちづくり26）

モスクワで開催された都市会議に参加した。到着して早速、都庁や区役所の人たちと夕食に出かけ、赤の広場近くにあるテラス・レストランに入って鶏肉をトッピングした野菜サラダを注文したら、10種類以上の新鮮な野菜類が出てきた。翌日夜の副市長主催の晩さん会でも、前菜の野菜類が10種類以上に及び、いずれも新鮮だった。

ロシアの穀物輸出額がアメリカを超えているのは知られるが、近年は冬が長いモスクワで、野菜の生産が盛んになっている。モスクワ市役所によると、温室投資を重点的に補助しているという。ロシア連邦の農業省は、寒冷期に野菜を輸入しないですむだけの温室建設を推進している。会話に加わったイギリス人の話だと、クリミア半島情勢の関係で、欧米各国が対ロシア禁輸措置を講じたのを機会に、ロシア政府は野菜の増産に力を入れ始めたという。

中流階級の市民が伝統的なダーチャ（郊外の菜園つき別荘）を活用して自家用の野菜生産に励む一方、富裕な実業家たちも政府の呼びかけに応じ、大規模な温室を作って業務用の野菜生産に取り組んでいる。それがモスクワへの豊富な野菜供給につながっているようだ。その一方で、小規模な野菜農家が駆逐されているとの情報もある。

これらの動向はそのまま日本の野菜生産の政策論議の材料になる。輸送・流通コストを考えると、都市近郊では野菜生産がビジネスとして成立する。

国策として大規模化を進めると、家族経営は圧迫される。小規模農家の育成にも力を入れないと、農地が小さい都市農業は駆逐されてしまう。ハウスの建設や近代技術の導入には、初期投資に対する公的支援と建築基準法などの規制緩和が欠かせない。

世界の人口は爆発中である。食料不足時代の到来は目前だ。農政改革というならばハウスへの公的支援の拡充も国策として改革の一環ととらえるべきではないだろうか。

モスクワのレストラン
新鮮野菜サラダ

農業用ハウスも多様に　高額な施設である
ストロングハウス（下）　鉄骨ハウス（右）

column 27

悔れないEUの農業

◆2017年9月15日　8面（農あるまちづくり27）

2016年8月に起きたイタリア中部地震では、多くの人が犠牲になった。被災からほぼ1年経った2017年夏、被災地の中心部にあるアマトリーチェを支援活動のために訪問した。

ローマからバスに揺られて3時間余り、標高千㍍級の中部山岳地帯を延々と走る。その間、全ての山がきちんと刈られ、手入れされているのを見た。主に牧草や野菜、採種用の畑だが、荒廃地は全くない。

「よく手入れしていますね」とアマトリーチェのコムーン（基礎自治体）の人に聞くと、「EUや国の補助金があるからできるのです」と言う。EU内の農業補助金が手厚いことは知られているが、確かに末端まで行き渡っているようだ。

私たちが子供の頃の日本は国土の隅々まで、よく耕していた。私は東京生まれだが、大空襲で焼け出された後、静岡県の御殿場市の祖母のところで育った。標高500㍍の市街地に住んだが、毎日、山裾の畑に通ってジャガイモやトウモロコシをつくる手伝いをした。

あの時代、耕作放棄地はなかった。東京の水元公園は、公園用地も畑地として提供していたため、占領軍の農地解放政策で公園計画面積を減らされたほどだった。

イタリア人は生活を楽しむ。アマトリーチェの旧市街地は地震から1年たってもガレキの山だったが、人々は周辺にしゃれたデザインの仮設住宅をつくり、姿のよい山々を見渡すことができる高台でレストランを再開し、アマトリチャーナという美味のパスタを観光客に提供していた。

生活を楽しみながら、農業もきちんと営み、農村に美しいまちを形成している。それがイタリアだ。

TPP交渉の際、日本の農業をどうするかという議論をしたが、EUとの交渉では、そういう議論が必ずしも熟さないうちに決まってしまった。EUの農業は侮れず、きちんと対策を打つべきだと思う。

高台のレストラン（アマトリーチェ）
日常生活を楽しむイタリア人でいっぱいだ

窓の外にオシャレな仮設住宅が見える

整然とした葡萄畑
EUの補助制度の充実ぶりは、
ボローニャの山岳地帯にも見て取れる

column 28

生産緑地の貸借　農業委員会の真価問われる

◆2017年10月20日　12面（農あるまちづくり28）

国交省は毎年、意識調査を通じて、国民に対し「土地は預貯金や株式などと比べて有利な資産か」という質問をしている。この問いに対して「そう思う」と答えた人は、25年前の53・1％から20年で31・1％に、さらに直近では17・4％まで減少している。

日本の土地を地目別に見ると、森林・原野が60％台、農地が10％強、宅地が5％強。土地が有利な資産と見なされなくなったのは、主に宅地のことだろう。そもそも資産という概念が当てはまるのは、宅地だけではないか。しかし市街地の農地は、従来は宅地に転用して売れば買い手があり、資産と考えられていたのかもしれない。

人口が減少し始め、宅地の需要も縮小し始めているため、土地が売れるとは必ずしも考えられなくなった。そういう状況が国民の意識調査に反映され、土地に資産価値があると考える人が減少したのだろう。

だが都市部において、▽都心部への通勤圏内にある▽駅に近い▽周囲が住宅地で道路や上下水道が整備されている▽商店街が成立している――などという条件を満たす地域内にある市街地の農地は、資産価値があると考える人が多いかもしれない。

戦後、家督相続から均分相続へと制度が変わり、法的には農地も分割されて相続されるのが原則となった。しかし当時の農業生産性は今日とは比べものにならないくらい低かった。品種改良もハウス栽培も機械化も進んでいなかったからである。

分割相続すると共倒れになる。そこで農家の相続人たちは自主的に相続放棄などを行い、まとまった農地が維持されるよう努めた。今日、全国で急増している空き家発生の契機が相続であるとの調査結果を見ると、農家の相続放棄による一括相続が生活の知恵だったことがわかる。

生産緑地の貸し借りに当たっては、この点に対する配慮が大切となる。貸し借りの可否を決定する農業委員会の真価が問われる場面でもある。

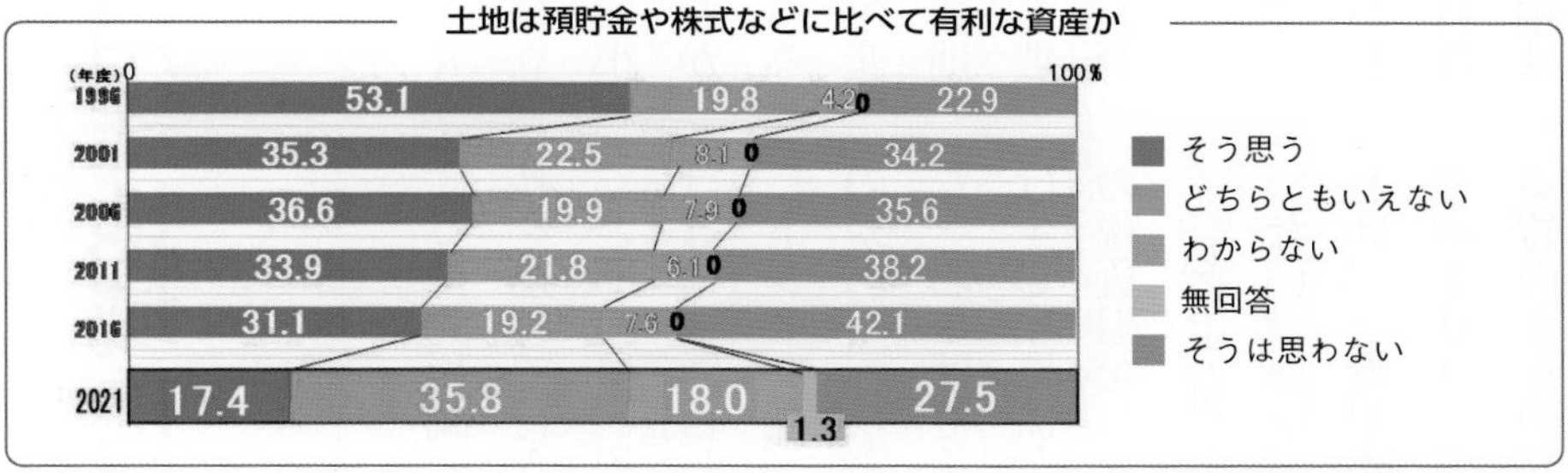

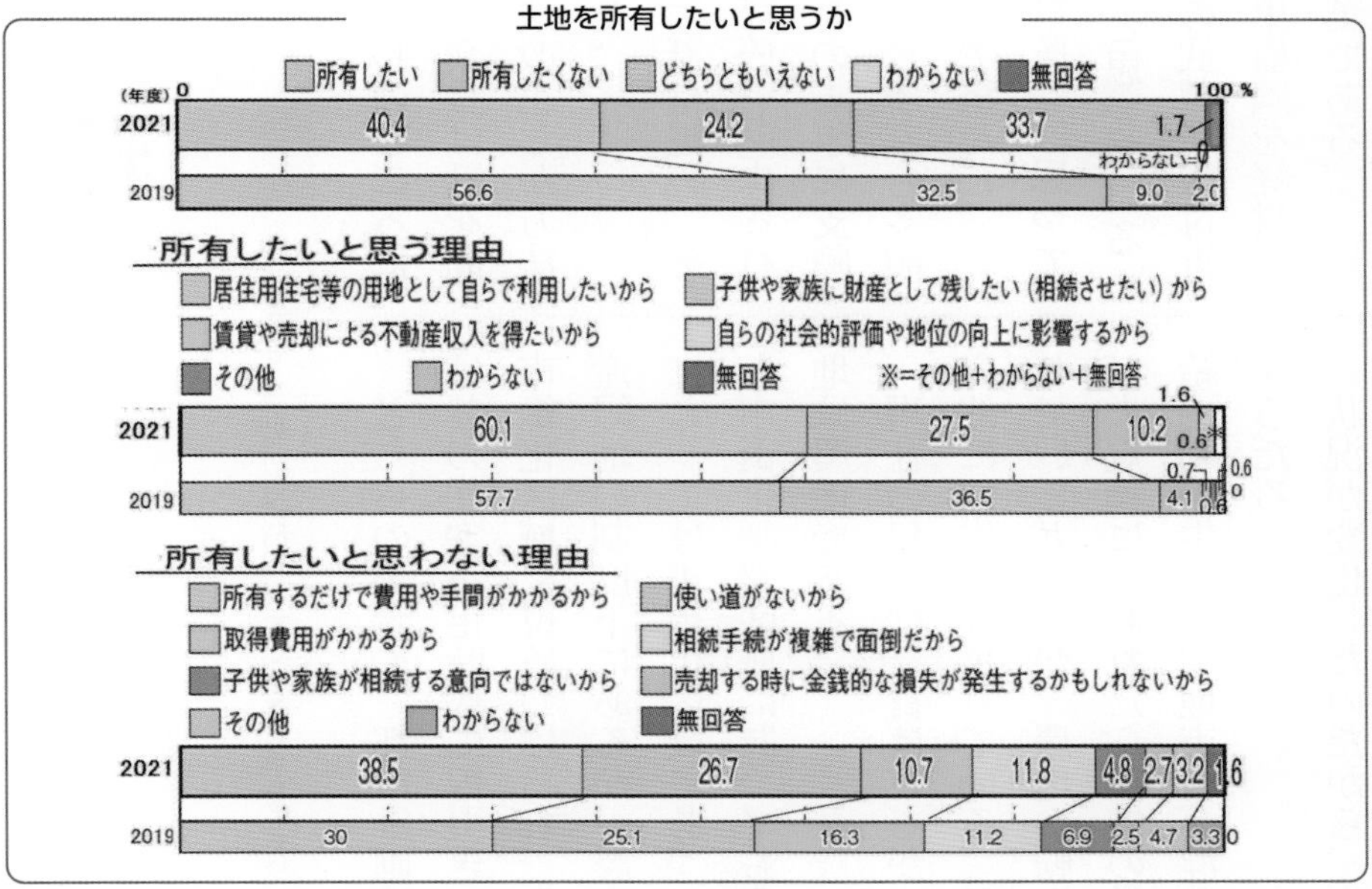

国土交通省「土地問題に関する国民の意識調査」(「令和４年版 土地白書」をもとに作成)

column 29

都市計画法の用途地域に農業も

◆２０１７年11月17日　８面（農あるまちづくり29）

25年ほど前のことだが、ＪＲ中央線の三鷹・立川間の連続立体交差化工事のために、武蔵小金井駅付近で、線路に沿ったかなり大きな農地を数年間借りる必要が生じた。その農地は生産緑地で相続税納税猶予適用農地だったために、ＪＲに貸して農業を中断すると多額の税負担が生じることになる。

当時、都庁で副知事をしていた私は、元首相の国会議員のところに何とか特例が認められないかと相談に行った。元首相はすぐに党税調の会長のところに私を連れて行き、会長は話を聞くと即座に、税法改正しか方法はないと断言した。

トントン拍子に話は進み、その次の国会で税法は改正された。おかげでＪＲの工事に支障は生じずに済んだ。農家も多額の税負担をしないで済んだ。

「私は農地を資産とは思っていない。農地だと思っている」とは、三鷹駅隣の武蔵境駅付近で約１００アールの果樹園を経営する竹内さんの言葉である。

どちらの場合も、都市計画法は昔の住宅不足時代に線引きで市街化区域に位置づけられ、生産緑地の制度下にあるが、農家にとっては市街化区域にあっても市街化調整区域にあっても農地は農地である。

現在の日本は、質はともかく量的には宅地は足りている。足りているどころか、農地の転用が大規模に行われたら宅地の供給過剰が生じ、宅地市場が混乱するだろう。

状況が変化したのだから、市

街化区域と市街化調整区域の線引きも変えなければならない。少なくとも、都市計画法の用途地域は住居、工業、商業の3種類を基本にするのではなく、農業も加えるべきだろう。

そもそも市街化区域内にある農地を全て期限付きとしているのがおかしい。今の都市社会では、当たり前のように都市に農地が存在している。都市計画の中に正式に農地を位置づけるべきだ。都市計画法を抜本改正すべき時期がきていると思う。

少なくとも2018年から導入された田園住居地域という新しい制度を生かしていくことを考えていかなければならない。

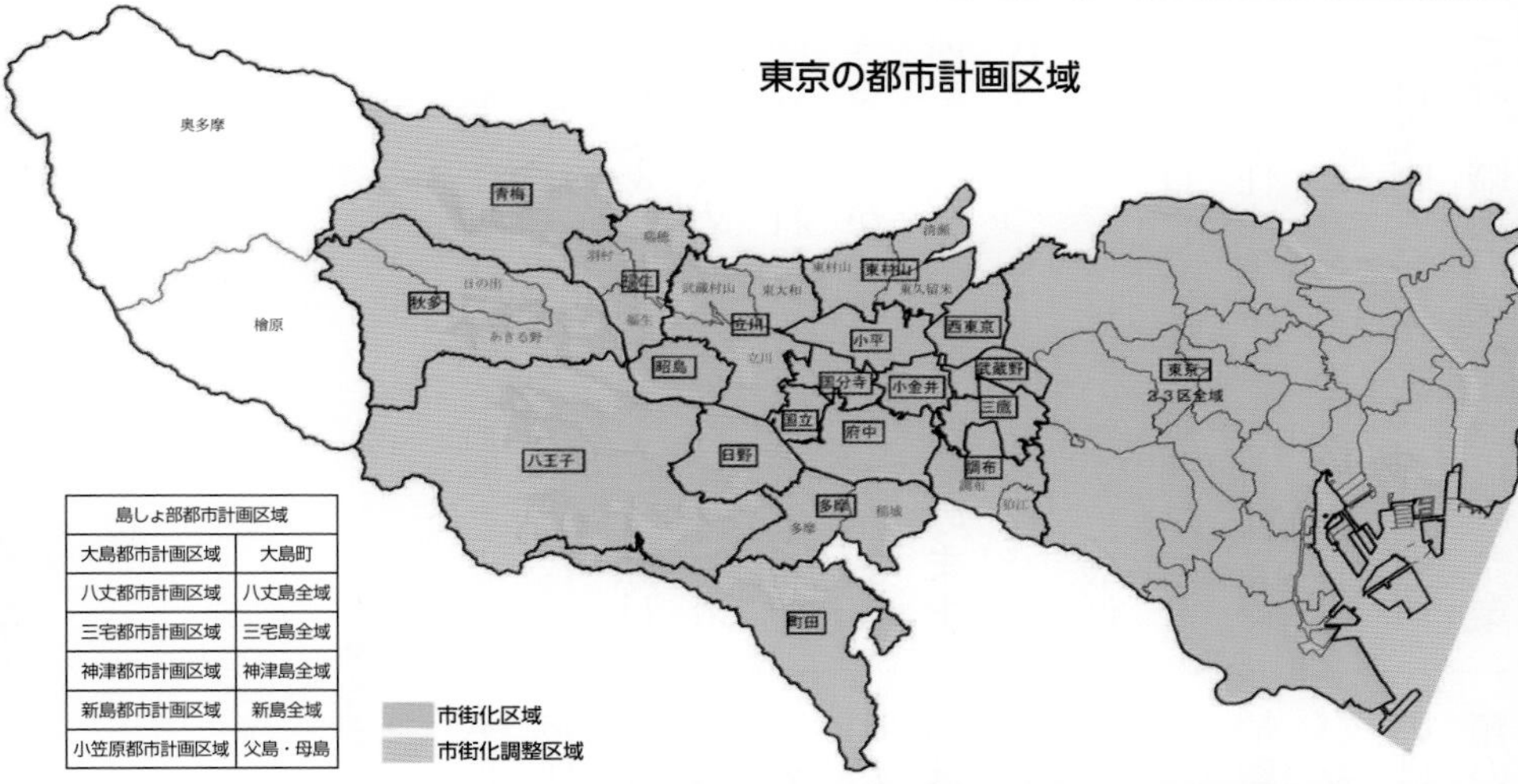

島しょ部都市計画区域	
大島都市計画区域	大島町
八丈都市計画区域	八丈島全域
三宅都市計画区域	三宅島全域
神津都市計画区域	神津島全域
新島都市計画区域	新島全域
小笠原都市計画区域	父島・母島

東京都「東京都市計画 都市計画区域の整備、開発及び保全の方針」

[都市計画区域]
市町村の中心市街地を含み、かつ、自然的社会的条件、人口・土地利用・交通量などの現況・推移を勘案して、一体の都市として総合的に、整備、開発及び保全する必要がある区域を指定したもの（都市計画法第５条）

[区域区分]
都市計画区域のついて、無秩序な都市化を防止し、計画的な市街化を図るために、市街化区域と市街化調整区域に区分すること。一般的に「線引き」とも呼ばれる。

[市街化区域]
都市計画区域のうち、既に市街地を形成している区域及びおおむね 10 年以内に優先的かつ計画的に市街化を図るべき区域。

[市街化調整区域]
都市計画区域のうち、市街化を抑制するべき区域。農林漁業用の建物や、一定規模以上の計画的開発などを除き開発行為は許可されず、また、原則として用途地域及び市街化を促進する都市施設は定めないことになっている。

column 30

農業の発展と女性の活躍

◆2017年12月8日　10面（農あるまちづくり30）

6千年くらい前、農業の営みを始めたのは女性だった。それまでは腕力のある男性が狩りに出掛け、女性は木の実や草を採集するという役割分担が長く続いていた。そういう中で、女性たちは植物が種から成長する過程や、日当たり・水・風通しなどという成長条件を知り、自ら栽培を試みた。中学や高校の世界史で習うチグリス・ユーフラテス文明の誕生がそれである。最初は大麦やキビが植えられた。

農業生産が発明されたことによる人類社会の最大の革命は、定住である。それまでの人類は食物を求めて移住することを余儀なくされたが、農業で生活できることが分かると、水がある所に集落をつくり、そのまま代々住みつくようになった。

それまでは移住のために最低限の道具しか使われなかったが、定住するようになれば多くの道具や家が子孫に伝えられ、物質文明も発達する。分業もなされ、職人の技術も発展、工業も形成され、都市が誕生する。定住により一夫一婦制もできていく。農業生産力の向上で人口も増えていく。

その延長線上に今日の世界文明が存在する。農業を発明したのは女性なのに、その後の工業社会への発展過程で男性が社会を支配する傾向が強くなった。今、時代が工業化から高度情報化へと移行する過程で、再び女性の力が強くなりつつあるのは必然なのかもしれない。人類の長い歴史のなかでは、男性優位だったのは工業化時代だけであったということになるだろう。

現代の日本でも、それぞれの農家においてはとっくに女性優位だったかもしれないが、今、農業委員会の世界でも女性の農業委員が増えているのは、遅ればせながら、歴史の法則に従っているということになる。

２０１７年の東京の農業委員会活動推進フォーラムでも女性の活躍がメインテーマだった。男性優先社会終焉の前途に日本の農業の発展が見える予感がする。

「女性農業者の会」の活動

ぎんなんネット:都内広域女性農業者組織。昭和 59 年に結成し、平成 12 年に改名した。農作業の安全を願うハッピーリング活動は、ぎんなんネットから全国へ広がった

八王子のぎく会：昭和 47 年発足。東京の「農の生け花」活動は、のぎく会の呼びかけで始まった

みちくさ会：日野市女性農業者の会。日野産ルバーブのジャムを生産販売している。パッケージデザインのリニューアルを記念して即売会を行った

column 31

農地守るため　農業委員会と農業会議の周知を

◆2018年1月19日　10面（農あるまちづくり31）

農業委員会の歴史は長い。自作農の創設や地主・小作関係の調整を目的に1938年（昭和13）、農地調整法によって設置された農地委員会の時代から数えると、ちょうど85年の歴史を有している。

第2次世界大戦後、農地改革の中心的機関として強化された後、1951年（昭和26）に農業委員会に統合されてからでも73年になる。区域内の農地面積が200㌶以下（都府県）の場合には委員会を置かないことができるが、全国ほとんどの市区町村に設置されている。

地方自治法は農地などの利用関係の調整、農地の交換分合その他農地に関する事務を執行するために、各市区町村に農業委員会を置くと定めている。教育委員会などと並ぶ重要な組織である。

長い歴史を有するからといって、必ずしも市民にその存在が理解されているわけではない。近年の各種法改正によって強化された農地の適正利用という農業委員会の主目的が一般に知られているわけでもない。

いわんや生産緑地の各種制度改正、不耕作地の扱い、都市計画における田園住居地域の新設、農地の貸し借りなど、農業と農地について、近年、一連の法改正がなされた結果、農業委員会の機能が変化し強化されていることを市民に理解していただくためには相当の努力を必要とする。

都道府県農業会議すなわち農業委員会ネットワーク機構の周

知度については、一層の努力を重ねないと、都道府県庁など行政内部でさえ、他部門の十分な理解が得られていない県もあるのではないか。私はこの年末から年始にかけて、都庁の幹部に対し、（一社）東京都農業会議の存在を理解していただく必要が生じ、以上の事実を痛感した。

説明すれば直ちに理解していただけることであるが、社会の変化は激しく、私たちは不断に、農業委員会と農業会議の機能について周知を図っていく必要があると思う。

（一社）東京都農業会議 ＝ 農業委員会法に基づく東京都農業委員会ネットワーク機構（都知事指定）
＜東京都農地中間管理機構の指定も受けている＞

都内 44 農業委員会等の支援組織として、連携して「東京の農地を守り、農業経営を育む」活動に取り組んでいる。

東京都への要請活動
知事あて要請文を産業労働局長へ提出

意見の提出・要請活動
～農業者の「声」を政策に反映～
農業委員会・農業者大会の開催

◎農業者の「声」を行政庁に伝えるため、農業委員会の日常活動における「活動記録カード」や「農業者との座談会」での意見を地区別広域連携会議等で集約し、国に対する要望等を東京都農業委員会・農業者大会で決定しています。同様に「東京都の農業政策に関する意見」や「東京都の農業振興・農地保全施策に関する意見」を集約し、東京都に対して法律に基づく意見の提出（農委法第 53 条）を行っています。また、要望や意見の実現に向け、要請活動を実施しています。

◎ 2007(平成 19) 年 3 月の第 48 回東京都農業委員会・農業者大会において、全国で初めて「都市農業基本法（仮称）」の制定を求める国への要望を決議した。⇒「都市農業振興基本法」2015 年成立

（一社）東京都農業会議パンフレットをもとに作成

第4部

画一的でない振興策で可能性を拓く

発想の転換と多様性の許容

都市農業には販路や価格設定等まだまだ開拓の余地がある。
肝心なのは、画一的でなく地域や農家の実態に合った多様な手法を認めることだ。
人々の価値観と流通形態は日々多様化している。

兼業から始めてもいい。土耕も水耕も、ビルの中も屋上もあり。
いろいろあるから、振興策もいろいろあっていい。
発想の転換が農業生産活動の可能性を広げる。

（2018年2月～2018年12月）

column 32

東京の島しょ地域の農業振興　観光客増加がカギ

◆2018年2月16日　12面（農あるまちづくり32）

東京都には、人々が暮らす有人島が11ある。そこではアシタバ、レザーファン、ツバキ、サツマイモ、フリージア、パッションフルーツ、トマトなどの農業収入もある。

雨量は全国平均の約2倍あり、太陽と温暖な気候にも恵まれている。強風は吹くが、昔からオオバヤシャブシなどが育ち、風よけの機能を果たしている。しかし消費地に運ぶのに、時間と経費がかかるのが最大の難点である。

そこで島しょ地域の農業にとって一番好ましいのは、観光客が増えることである。現地消費により、運ぶコストを最小限に抑えることができる。

観光客が増えれば焼酎その他、各種特産品の売り上げも増える。民宿、ダイビング店、釣り舟などの収入も増える。漁業にとっても運搬コストがかかる点は農業と事情は同じだから、現地消費が望ましい。

そもそもこれらを兼業している家も多く、観光振興が大切で

伊豆・小笠原諸島

東京都には日本の最東端（南鳥島）と最南端（沖ノ鳥島）がある

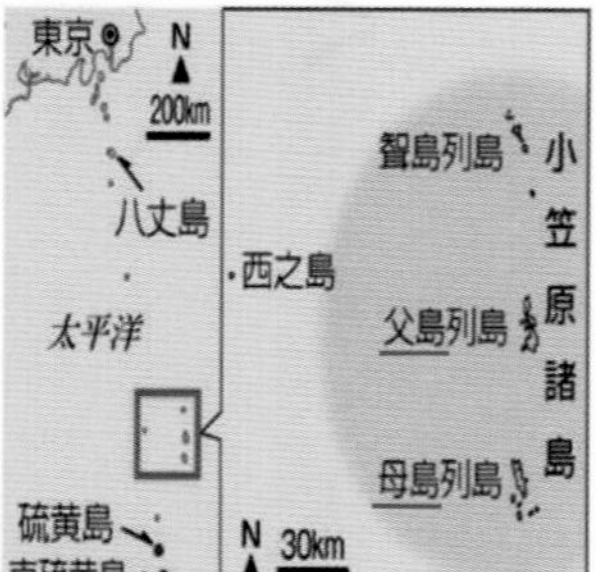

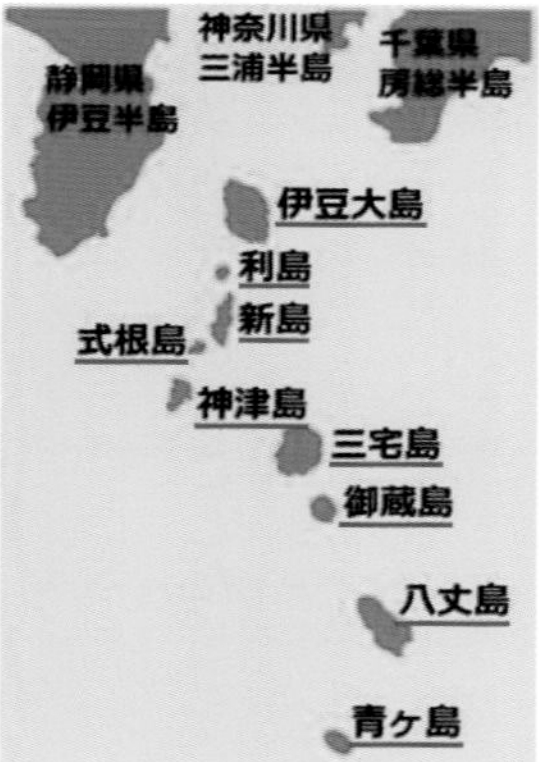

あることは皆、分かっている。しかし、青い空、美しい海、気持ちのいい温泉は、日本中、至るところにあって、これだけでは勝負にならない。観光客にとって、島に渡るのは時間もお金もかかる。それどころか、天候が悪化すると予定通りに島から帰れないリスクもある。

　そこでヒントになるのは、ギリシャの島々である。天候悪化のリスクは東京の島々と同じなのだが、世界の人を集めて相当の観光収入を得ている。東京の島々に比べてギリシャの島々が違うのは一点だけ。建っている家々が白で統一され、青い海と空に映えて、とても美しいことである。

　人々は観光に行った時、非日常的な光景を求める。大自然と人間の造形が調和したとびきりの美しさは映画の舞台になり、絵はがきになり、世界に映像で伝わっていく。私は都庁に勤務していた時代から繰り返し提言しているのだが、島しょ観光はまず、そこに住む人々の家々を美しく装うことから始めたいと思う。

小笠原は世界自然遺産

東京の島しょ地域ならではの農産物の数々

column 33

実態に合う多様性を認めた農業観光を

◆2018年3月16日　10面（農あるまちづくり33）

2018年の東京都農業委員会・農業者大会は、瑞穂町の会場で開催した。小池百合子都知事には大会の前に、地元農業委員会の上野勝会長夫婦が経営する農家カフェ「たまご工房うえの」に立ち寄っていただいた。

カフェといってもテーブル二つだけの小さな店だが、卵、プリン、ロールケーキなど種々の自家製品を売っている。次々と買いに来る客がいた。

農業と観光については、日本に限らずヨーロッパ諸国でもそれぞれに政策メニューを用意し、奨励している。都会で暮らす人にとっては、農村にひととき、あるいは数日、滞在することによって、温泉などとはまた違った喜びや癒やしを得ることができるので、ニーズは多いと思う。

私は欧米各国の農家を訪ね、泊めていただいたことも多いが、農家の庭先でお茶を飲むという至福のひとときを忘れることはできない。

肝心なのは画一的なやり方でなく、地域や農家の実態に合った多様な手法を認めることだ。農業ツーリズム、農家民宿、グリーンツーリズムなど呼び方はいろいろだが、やり方もいろいろであって良いと思う。

一般に行政が補助金を出すというと、ともすれば細かい条件を決めて画一化しようとする傾向があるが、この分野では農家の考え方や工夫、やり方に行政が合わせていくほうが良い。

大都市では市民農園もさることながら、農家が指導する体験農園も人気がある。体験農園から兼業農家に進んだ例も私は知っている。農業体験も農業観光の一つの柱になるだろう。

農業観光にとって、情報化時代の進展は大いなる味方となっている。インターネットを使って個々の農家が自由に商品や

たまご工房うえの　オシャレな店内

サービスの内容を具体的に紹介し、顧客を獲得できる時代になった。今、多様性を認めた農業観光の振興策が求められている。

ショーケースには
人気のロールケーキやプリンが並ぶ

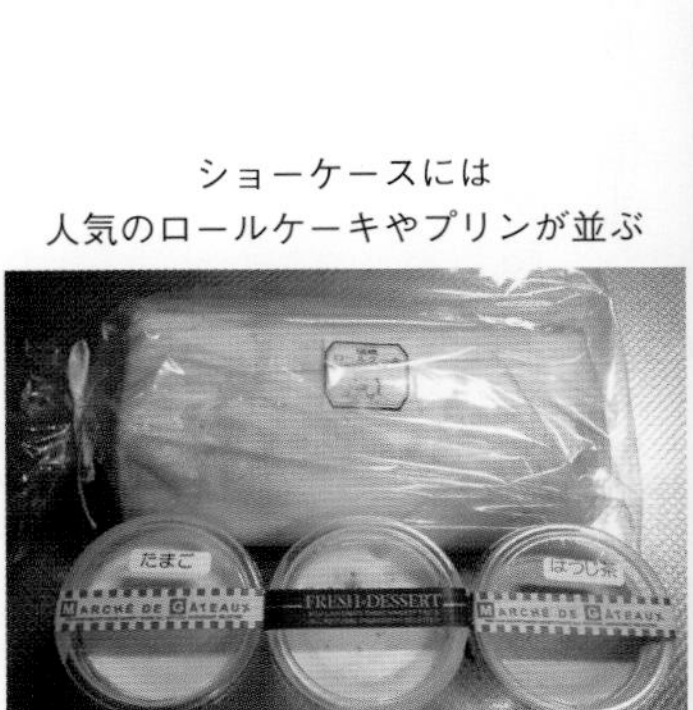

column 34

新興大企業を中山間地に　発想転換で農業振興を

◆2018年4月20日　10面（農あるまちづくり34）

東京では、21世紀に入ってから、果樹や野菜の農業生産額が増えている。これは消費地に近いからその利点を生かして直接販売に努めている効果が大きい。一方、東京でも中山間地域では農業販売額が一貫して減少傾向にあり、農地の集約や大規模化だけでなく、インターネットによる直接販売などに努めている農家もあるが、どうしても消費地に遠いという不利がある。

そこで発想を転換し、中山間地域に企業立地が図られると消費地が近くなり、販売上、有利になる。そんなことができるのか、と言われるかもしれないが、例えば、アップル、グーグルその他、世界的な新興の情報関連大企業は郊外立地が多い。環境関連の情報技術を扱っている米カリフォルニア州のエンフォスという企業は、サンノゼの市街地から、のどかな牧場地帯を自動車で30分以上も走った山の上にある。

これらの企業は、いずれも相当数の従業員を集め、知恵をしぼり、情報システムやソフトを開発し、新たな価値を創造することにより利益を上げている。緑に囲まれて落ち着いた、快適な環境をつくりだすことによって従業員の知的生産性を上げることに力を傾注している。

私はこれらの企業のうちいくつかの社員食堂を知っているが、昼食時に行列ができるのは、大抵、野菜や果物のメニューのカウンターである。

日本でも今後、産業の高度化

はますます進んでいくだろう。情報関連の新興大企業のオフィスを郊外に誘導し、農業生産とタイアップすることができれば一定の農業収入を得ることができる。

島しょ農業の振興のためには観光などの入れ込み客を増やすのが一番と、以前に本欄に書いたが、米国や欧州諸国では新興の情報関連大企業の郊外立地が結構あることを考えると、日本の中山間地域の農業振興のためにもそういった政策があっていいのではないか。

アップル本社（カリフォルニア州）

サンノゼ、アップル本社新社屋
快適オフィス　都心か郊外か

エンフォス本社（カリフォルニア州）

エンフォス本社アプローチ

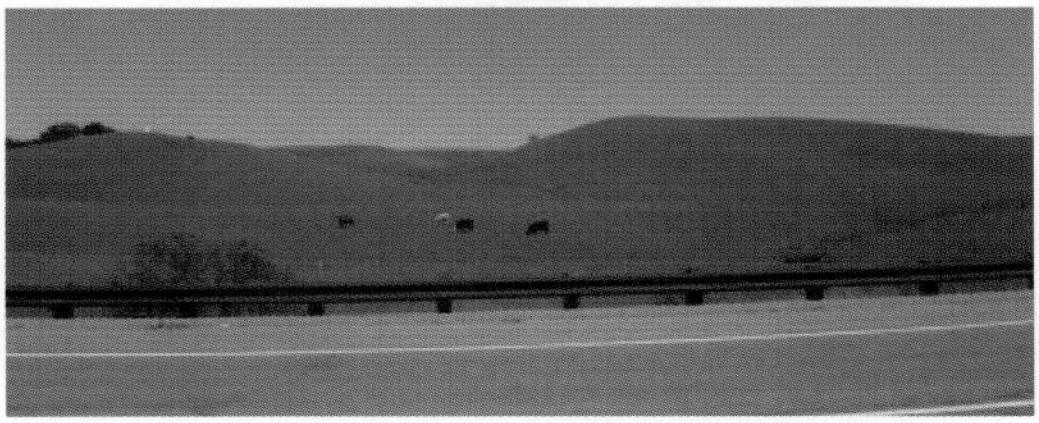

column 35

農業振興につながる販路の開拓

◆2018年5月18日　9面（農あるまちづくり35）

茨城県かすみがうら市の坂農苑が、ほかの作物をやめて、約130種のブルーベリーを栽培し、ジュースなど各種加工品を販売していることは知られている。私たちは経済学の基礎で、価格は需要と供給の曲線が交わったところで決定されると教わる。農業者としては、消費者の需要が多いものを生産すれば価格が上がり、採算がとれるということである。

足立区の荒堀会長らと都心で東京産品の直売をできないかという議論をしたとき、販路が確立すればその品目を生産したいという話が出た。これは経済学の需給と価格決定の原理に合致している。

私たちはこの数年、都市農地を守る法制度をつくることに努めてきた。生産緑地の30年問題などがあったからだが、今後は、販路の開拓にも力を入れないといけない。

私は昔、中央卸売市場の施設整備係長の職に就いていたとき、農業・漁業の生産物を売り切ること、小売業者に品物が行きわたること、さらに需給関係に応じて価格が適切に決定されることの大切さを知った。

卸売市場機能の大切さは今日も変わらないが、人々の価値観と食品の流通形態は日に日に多様化していて、農業生産者側も販路の開拓について新たな工夫が求められているし、時代の変化に上手に対応していくことが農業の魅力を増し、新たな就業者を獲得することにもつながっていく。

認定農業者の制度は、農業所得の目標額の設定を求めているが、これは価格設定と販路の開拓への関心を強めることが大切であると考えているからでもある。国や自治体は戦後、農業技術の研究や指導に力を傾注し、農業の生産性は飛躍的に向上した。しかし販路の開拓や価格設定については、まだまだ余地がある。消費者の野菜や果実への志向はますます高まっている。品質に対する関心も高まっている。時代の変化に応じて、農政の側にも、販路開拓への努力が求められている

小ロットの出荷に対応する
保冷集荷施設

インショップ　常設コーナー

レストラン　サラダバー

多角的な販路開拓で 新規就農者を支援

都内各所でのマルシェも定着しつつある

杉並区役所前

立川のマンション前

日本橋コレド前

自前の直売所

就労系福祉サービス事業所と
新規就農者のコラボで開設

column 36

香りや味強い土耕栽培と今後の水耕栽培

◆2018年6月15日　10面（農あるまちづくり36）

西東京市にあるハーブ生産販売の農業法人ニイクラファームを訪ねた。看板も宣伝もないが口コミで評判が全国に伝わってレストランのシェフが訪ねてきて畑から直接、各種ハーブを購入していく。35年営農していて、若い息子さんが承継するために既に就農しているのだから、収入も確保されているようだ。

一見、雑草のように見えるハーブが一つ一つ、異なった香りと味をもっていて、実際に味わってみると違いがよく分かる。

新倉さんは「水耕栽培は香りも味も弱い。土耕がよい」という。「水耕栽培なら成分も光の強弱もいろいろと調節できるわけだから、工夫や実験、研究を重ねれば香りや味を強くすることもできるのでは」と聞くと、「ハーブは生き物だから、そういう問題ではない。ゆっくり育つべきときに急がせたりすると香りや味が弱くなる、人間と同じで、自分にとって腹八分目くらいで、自然に育つのがよいらしい」という。

そういう考え方から、栽培する品種も固定しないし、大きさもふぞろいのままにしておく。一流のシェフたちは畑を歩きながら、自分の感覚にあったハーブを選び、切り取って購入していく。相手は専門家だが、販売方法はいわゆる観光もぎ取り販売に似ている。買い手が畑に生育しているものを採っていくのだから究極の直売である。

近年、都心のレストランなどで、フロアにガラス張りのショーケースを置き、水耕栽培を客に見せる店がある。ＬＥＤの照明と野菜類の葉が美しく見えて、生鮮魚介を売り物にする料理店で魚やエビが泳ぐショーケースのような趣である。客の好感度は高い。海外で見かけることも多い。

植物工場というネーミングは不自然でセンスがいいとは思えないが、水耕栽培が増えていくと、栽培方法も進化して香りや味がよくなる可能性がないでもない。農政の視野に入れておかなければいけないと思う。

ニイクラファーム

職員食堂の水耕栽培
（ニューヨーク市役所都市計画局）

column 37

「都市と農村の結婚」目指す 田園住居地域制度

◆2018年7月20日　10面（農あるまちづくり37）

産業革命後のロンドンは、農村から流入した工場労働者が劣悪な環境で密集して暮らしていた。英国人エベネザー・ハワードは「都市と農村の結婚」を目指して田園都市構想を提唱し、郊外のレッチワースとウェルウィンに理想の田園都市をつくった。

田園都市のコンセプトは職住近接型の都市である。グリーンを豊富に配し、低層でテラスハウス方式とする。ウェルウィン駅の裏には小麦工場が建設された。約１００年を経て両都市とも今日まで田園都市として維持されている。

日本の都市計画法が基本理念を「農林漁業との健全な調和」と定めたのに比べ「都市と農村の結婚」との表現は農業に対する愛情が感じられる。田園都市には農作業などをするスペースも位置づけられている。

産業革命後、そして第1次大戦後の、活力はあっても荒廃したロンドンにとり農村、農業は快適な生活のキーワードだった。

２０１７年の都市計画法改正で新設された田園住居地域の制度は、３００平方㍍以上の新たな開発を原則不許可とし、環境の大きな改変を禁じ、農地の維持を目指している。

農業の利便増進に必要な５００平方㍍以下の店舗・飲食店など、農産物の直売所、農家レストラン、自家販売用の加工所など、農産物の生産、集荷、処理、貯蔵、農機具収納施設などは建設可能とし、田園住居地域内の農家の収益性向上をはかっている。

少し大げさに表現すれば、日本の都市計画法もハワードの「都市と農村の結婚」に近づいたと言えなくもない。

2018年は都市計画法50年、後藤新平の手になる旧都市計画法100年と節目の年である。これを記念し、東京都農業会議は7月にシンポジウムを開いた。パネリストには東京都の都市整備局と産業労働局の幹部が並び、共に都市農業を熱っぽく語った。「都市と農村の結婚」を象徴する光景だった。私たちはこの流れを確実なものにしなければならない。

田園住居地域を創設

都市計画法
建築基準法

平成30年4月1日施行

住宅系用途地域の一類型として住宅と農地が混在し、両者が調和して良好な居住環境と営農環境を形成している地域を、あるべき市街地像として都市計画に位置付け、開発／建築規制を通じてその実現を図る

開発規制

○現況農地における①土地の造成、②建築物の建築、③物件の堆積を市町村長の許可制とする
○駐車場・資材置き場のための造成や土石等の堆積も規制対象
○市街地環境を大きく改変するおそれがある一定規模（政令で300㎡と規定）以上の開発等は、原則不許可

税制措置

○田園住居地域内の宅地化農地（300m²を超える部分）について、固定資産税等の課税評価額を1/2に軽減（平成31年度分より適用）
○田園居住地域内の宅地化農地について、相続税・贈与税・不動産取得税の納税猶予を適用

建築規制

用途規制

低層住居専用地域に建築可能なもの
○住宅、老人ホーム、診療所等
○日用品販売店舗、食堂・喫茶店、サービス業店舗等（150m² 以内）

農業用施設
○農業の利便増進に必要な店舗・飲食店等（500㎡以内）
：農産物直売所、農家レストラン、自家販売用の加工所等
○農産物の生産、集荷、処理又は貯蔵に供するもの
：温室、集出荷施設、米麦乾燥施設、貯蔵施設　等
○農産物の生産資材の貯蔵に供するもの
：農機具収納施設等

形態規制

低層住居専用地域と同様
容積率：50～200%、建ぺい率：30～60%、
高さ：10or12m、外壁後退：都市計画で指定された数値

※ 低層住居専用地域と同様の形態規制により、日影等の影響を受けず営農継続可能

農産物直売場(イメージ)

国土交通省資料をもとに作成

column 38

ロンドン五輪と都市農業の意義

◆2018年9月21日　8面（農あるまちづくり38）

　2012年ロンドン五輪の際、市内で農産物を生産し、五輪関係者らに提供することが計画された。用途未定などの理由で空いているスペースなどを活用して農業生産する計画で、開催年にちなんで市内に2012カ所の空き地を探した。結果として2553カ所、91万平方メートル余の農地を確保し、10万人余のボランティアが耕して計約40トンの農産物を生産したという。

　英国というと私たちは固い牛肉とジャガイモを想起するが、近年は健康志向が高まり、各種の野菜をよく食べるようになった。移民が増え、グローバル化が進み、食生活もバラエティーに富むようになった。もともとロンドンの周囲をグリーンベルトで囲む都市計画を頑固に守ってきた人たちで、地場産に対する価値観もあるのだろう。

　既に本欄で紹介したレッチワースやウェルウィンといった田園都市（ガーデンシティー）も、田園地帯の中にあるまちが理想的であるという思想でつくられ、実際その町並みが100年たっても守られている。

　ロンドンと違って日本の大都市では、生産緑地法によって市街化区域内でも農業を営み続けるための制度が既にあり、先に都市計画法が改正されて田園住居地域としての地域指定が行われると農家レストランなどを建てることができる一方で大規模な開発が規制されることにもなった。

　これを受けて発表された東京都の都市計画審議会の土地利用

調査特別委員会の中間報告では、田園住居地域指定の考え方を示すと同時に、都市における農業の意義として緑の機能の前に、農業生産の意義を説いている。

従来、市街化区域内の農地は市民に緑を提供する点が重視されていたが都市計画の側からも、農地の意味の第一が農業生産であると表現するようになったのは、画期的なことである。この機会に、都市農業の意義がさらに人々に浸透していくといいと思う。

清瀬市役所屋上の養蜂場

屋上を活用した農業生産活動

未利用空間活用の発想
緑化だけではない屋上活用が増えきている

六本木ヒルズエネルギー棟屋上の水田

column 39

移転した豊洲市場への期待

◆２０１８年10月19日　8面（農あるまちづくり39）

２０１８年10月、東京築地の中央卸売市場が豊洲に移転し、10月11日から新市場で取引が開始された。当面、混雑しているようだが、引っ越し作業による休市の影響や新施設に対する不慣れが解消して1日も早く軌道に乗ってほしい。

築地市場は85年以上にわたり日本の代表的な卸売市場として機能した。私は45年以上前に東京都の中央卸売市場施設整備係長として築地市場に勤務していた。当時は海側の桟橋にマグロ漁船などが接岸し、荷が降ろされる光景が見られた。貨車輸送は廃止されていて、曲線型の建物構造や踏切が鉄道が存在した歴史を示していた。

当時、水産、青果を通じて、スーパーなどを中心に市場を通さない流通が増えていて、卸売市場の機能を巡る議論が盛んだった。卸売市場の取扱量は減る一方なので、輸出入の取り扱いを増やす、加工食品も扱う、情報機器を駆使して商物分離の方法も導入するなどさまざまな議論がなされた。

今回の移転で加工パッケージ施設が設置され、高度な情報シ

築地市場　2018年10月6日に営業を終了した

ステムも導入された。閉鎖型の建築で国際的な食品安全基準のＨＡＣＣＰの認証を受けることも可能となった。コールドチェーンも実現した。一方、卸売市場法の改正で卸売業者が直接小売りをしたり、仲卸業者が産地から直接、荷を引くことができるようになった。民間が中央卸売市場を開設することも可能となった。

　35年以上前に神田市場は大田市場に移転し、今では青果市場として日本一の取扱量を誇る。豊洲市場は移転をめぐってさまざまの問題や意見の対立があったが、新しい施設を活用して世界一の市場として発展することが期待される。

　巨大な卸売市場の魅力の一つに、そこに行けばあらゆる品種を入手できるという点もある。大規模生産者や大量購入者だけでなく、都市内の小規模な生産者や家族経営の小売店、レストラン・料理店にとっても使い勝手のよい市場であるべきだと思う。

加工パッケージ施設

青果棟 卸売場
新市場のセリ場
２階から見学できる

提供：東京都中央卸売市場

豊洲市場　　2018 年 10 月 11 日開場

column 40

都市計画における農地の位置づけ

◆2018年11月16日　8面（農あるまちづくり40）

2018年に東京都都市計画審議会に対して土地利用調査特別委員会が行った答申は、新たな土地利用の誘導策の基本的考え方や方針を述べた後、「将来像を実現する主な取組」を15件、具体的に提案した。

①は都市開発諸制度等の活用によるみどりの保全・創出、②は緑化地域の指定によるみどりの量の底上げ、③は市民緑地認定制度の活用によるみどりの量的な底上げと質の向上、そして④は田園住居地域の指定などによる都市農地の保全・活用である。

⑤でようやく、都市開発諸制度活用方針の適用エリア・育成用途等の見直しという、従来の概念でいう都市計画らしい取り組みが出てくる。ここでいう都市開発諸制度とは特定街区、総合設計、高度利用地区、再開発促進区など、より高い容積率で密度の高い都心をつくろうとする制度である。

そういう、いわば本流の都市計画に先んじて、みどりや農業の課題に対する取り組みが、都市計画の基本方針に出てくる点に時代の変化を強く感じる。

田園住居地域の指定については、営農意欲や農地活用の機運が高く、市街地の中に農地や屋敷林が特徴ある風景を形成している地域や、住宅と農地が共存し将来にわたって良好な居住環境と営農環境を維持していく地域等とされている。

また、市街化調整区域の農地の保全については、開発許可制度を活用して、農家レストランや直売所などの立地を推進し、農業経営を安定化・強化させることにより、農地の保全を図っていくとしている。

55年前の都市計画法は、市街化区域内の農地は10年以内に宅地化することを定めた。それに対して私たちは、都市計画法に農地を正式に位置づけるよう主張してきた。今般、田園住居地域が新設されたことで都市計画でも上記のような提言がなされる時代になった。私たちは、この変化を的確にとらえて農業の振興を図っていかなければならない。

東京における土地利用に関する基本方針

〈都市のみどりの重要性〉

○骨格のみどり　○みどりの充実と必要性
○地のみどり　○農地の保全・活用の意義

○農地の保全・活用の意義

特に、農地は、大消費地に近接する特性を生かして、付加価値の高い農業生産の場として活用されることに加え、環境や防災の機能を持った貴重な緑の空間であり、また、身近に豊かな農地があることで、都市生活がより潤いのあるものとなり、さらには、情報通信技術（ICT）などの先進技術の活用、多様な担い手の参画によって、イノベーションや新たな雇用の創出等につながっていく可能性も踏まえ、将来にわたり保全・活用していくことが極めて重要である。

東京都都市計画審議会　答申　＜抜粋＞
平成31（2019）年2月

東京のみどり等の現況

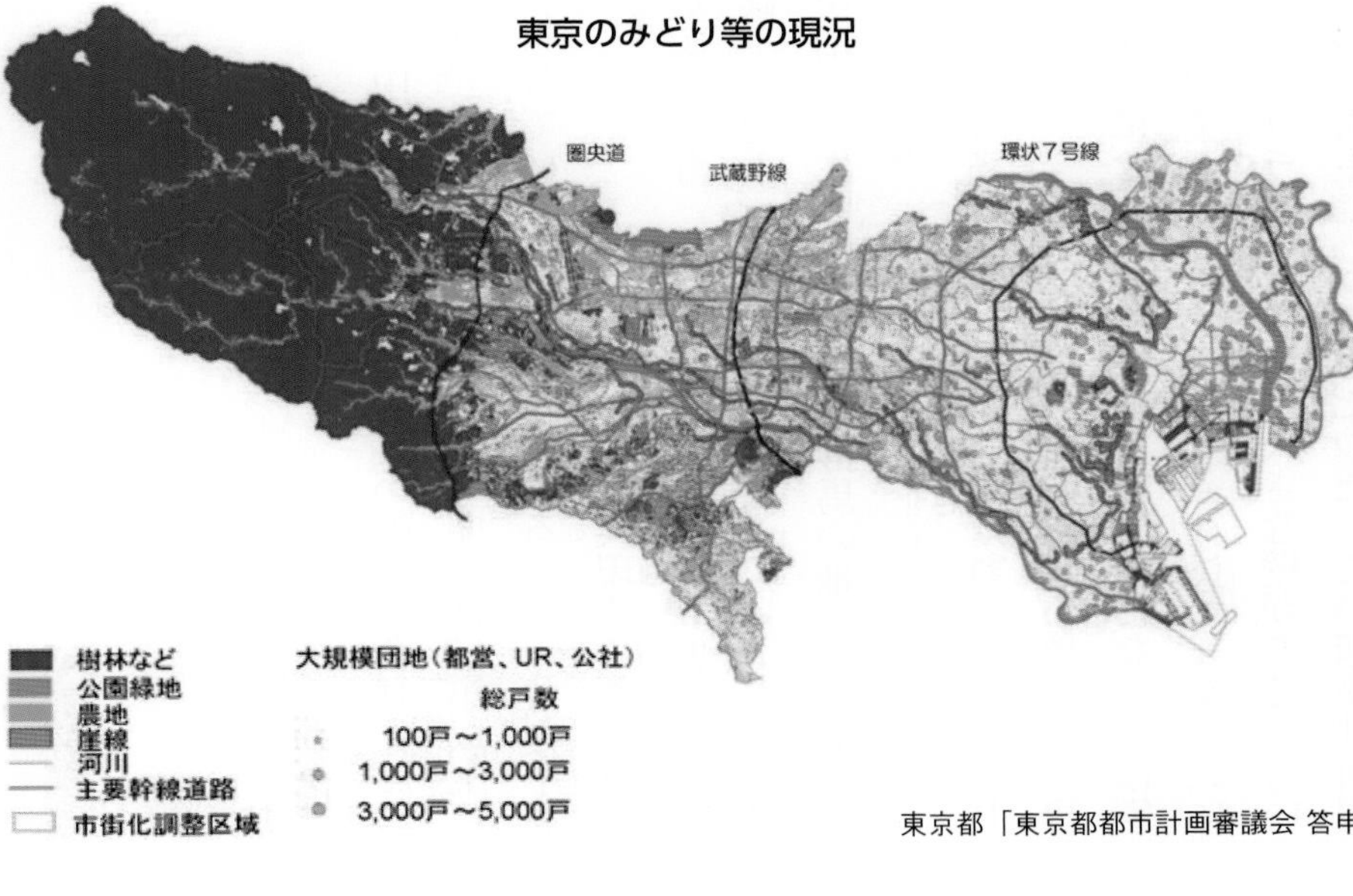

東京都「東京都都市計画審議会 答申」

column 41

新規就農と兼業農家

東京の大企業に勤務する金井聡さんは10年ほど前、私の大学院で東京のグリーンベルトについて修士論文を書いた。幹部社員として会社勤務しながらである。論文を書きながら都市農業への関心を高め、大学院修了後、多摩の体験農園に2年ほど通った。

それから群馬県の農業指導センターの紹介で講習を受け群馬の農家に弟子入りし、会社勤務のかたわら、農家に通った。数年後、その農家のあっせんで担い手がいなくなった畑や田を譲り受けて自分で耕し続け、今ではさらに広い農地を耕している。

まだ兼業中で販売農家ではないが、台風被害や天候不順を乗り越え、順調に品種を増やし生産を伸ばしている。会社をリタイアしたら専業の農業者となることを志している。

私は都庁を退職して20年になるが、その間、現役の自営業者として働いている。現代のサラリーマンは、リタイア後の人生がとても長いのだ。金井さんの修行と試行の期間は10年以上に及ぶことになるが、十分な準備期間だ。夢は実現するだろう。

金井さんの体験と思いは、「多摩の畑から採れた本」「多摩の畑から群馬の畑へ」「群馬の畑から」（いずれもけやき出版）という本に書かれている。金井さんの農政に対する感想は、「専業農家が兼業農家になるのは容易なのに、会社員が兼業農家になるには大きな壁がある」ということだった。この指摘は新規

◆2018年12月14日　10面（農あるまちづくり41）

就農を増やそうと努めている私たちにとってヒントとなる。

日本には農地はあるが農業の担い手が不足している。会社員で農業に興味をもっている人は多い。農業者になることを希望する人と農地とのマッチングがうまくいってない面がある。いきなり専業農家でなく、いったん兼業農家となり、それから専業農家になるという道も選択肢の一つとして考えていいのではないか。金井さんの3冊の本を読み返してみて改めてそう考えた。

金井農場のリビング

アーバンファーム八王子

非農家で同期入社のサラリーマン仲間が早期退職して2015年に八王子で農業参入。これまでの経験を活かした農業経営で東京農業に貢献したいと取り組んでいる

金井聡氏著作の本
左から
「多摩の畑から群馬の畑へ」
「群馬の畑から」
「多摩の畑から採れた本」

都市農業の時代

第5部 追い風に乗り反転攻勢への新たな志を

歴史に学ぶ今後の課題

第2次大戦後の復興計画は、食糧難を背景とする農耕地確保の方針提起であった。農地の位置づけが変わり、今再び大都市に農地を確保する新政策を実施する時が来た。

大都市の農業にはかつてない追い風が吹いている。しかし、税制面では、農地の維持・継承の公共性を訴え続けねばならない。円滑化法による都市農地の貸借は順調に機能し、課題は次の段階へ進んでいる。田園住居地域や地区計画制度の運用には、人・物両面から公的補助が必要だ。食料自給率向上へ、小規模農業者や新規就農者への支援を飛躍的に充実すべきである。

（2019年1月〜2020年3月）

column 42

戦災復興計画と現代の都市農業

◆2019年1月18日　10面（農あるまちづくり42）

第2次大戦が終わってすぐの8月27日に東京都の計画局は「帝都再建方策」を発表し、国家百年の計の第一として、「都内の住宅は敷地75坪に1戸建設し、その周囲には、自給農園をつくる」ことを提唱している。翌年3月に発表された東京都の「帝都復興計画概要案」は、土地利用計画の第一に、東京都区部の「外周部分に緑地地域を指定し農耕地の確保を図る。その面積は区の全面積の43％に当り食糧自給に資する」という方針を提起した。

当時は深刻な食糧難だったから自給を強調する計画となった。憲法と地方自治法が施行され公選知事となる前の安井誠一郎東京都長官が、戦前に新潟県知事だった縁で新潟県に行って直接、農民に対して雪の上に靴を履かずに靴下のまま立って東京に米をくださいと依頼する演説をしたエピソードが残っているくらい、東京の食糧難は切迫していた。一方で占領軍司令部は日本民主化の柱として財閥解体と農地改革を実施した。農地改革は戦前日本の人口の45％を占める農民の貧困を解決する必要があるからでもあった。農地改革で自作農は戦前の28％から70％に達するようになった。

こうして農地と担い手の両面で東京の農業は確保されるのかと一時は思われたが、希望を砕いたのが東京の人口の急増である。終戦時に300万人余であった人口は、復員や疎開からの帰還であっという間に倍増し、1950年には

６００万人を超え、１９６０年には９００万人を超えた。

　食糧難より住宅難の解決が優先され、農地は削減される結果になった。しかし、敗戦の焦土に立って東京に農地を確保しようと考えた人たちがいたという事実は現代に生きる私たちに大いなる勇気を与えるではないか。住宅難の時代がようやく終わり、世界的には人口急増による食糧難時代の到来が予測されている今、再び大都市に農地を確保する政策を実施する時が来たのである。

終戦直後の東京の様子

総武線の買出し電車（昭和 20 年）
当時東京近郊の鉄道はみなこうした状況であった

銀座の焼けあとにも麦畑がずいぶんみられた
（昭和 20 年）

東京都「東京百年史（第六巻）」

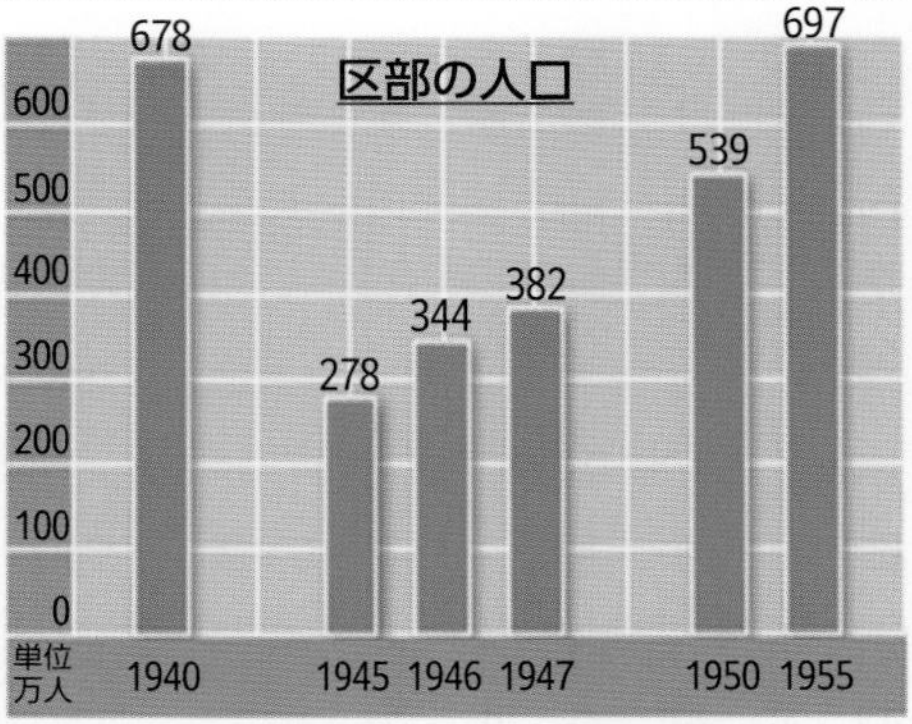

人口増加による食糧不足は深刻

区部の人口

　東京戦災復興計画では、人口 10 万程度の衛星都市（町田、八王子、千葉等）と、人口 20 万程度の外郭都市（水戸、宇都宮、小田原等）を想定。これらの都市で 400 万の人口を収容することで、東京区部の人口を 350 万に抑えようとした。しかし、東京への人口集中は進み、昭和 21（1946）年には、区部の人口は 344 万人、翌年には 382 万人とあっさり復興計画の根幹を否定してしまうことになった。

東京都「東京の都市づくりのあゆみ」をもとに作成

column 43

生産緑地の減少スピードと相続税

◆2019年2月15日　10面（農あるまちづくり43）

　従来、私たちは「都市の農地は減少を続けているが、生産緑地については固定資産税の軽減や相続税の納税猶予制度などの効果もあり減少が緩やかである」と考えていた。しかし２０１８年あたりから少し様相が変わってきた。宅地化農地の減少が鈍化する中、生産緑地の減少スピードが速くなっている。

　これが２０１８年前後の一時的現象なのか、それとも今後、生産緑地が激しく減少していくのか、にわかには判断できない。

　間違いなく言えるのは、相続税法改正により、２０１５年から最高税率が50%から55%に引き上げられたほか、基礎控除額も40%縮減されるなど相続税の引き上げが実施されたことである。

　もともと相続税という税が存在する目的の一つは、富の集中を避けることである。バブル崩壊後、地価の下落などで日本人の１００人に4人しか相続税の負担が生じない状態が続いていたし、日本人は一般に富の偏在を嫌うので、このたびの相続税引き上げは国民に支持されたと思う。しかし農地の相続は、富の継承ではなく生産手段の継承である。相続税の上昇で、農業を継承できなくなるとしたら大問題である。

　これについて、生産緑地について相続税の納税猶予を受けても、農業者が住む住宅や駐車場部分、あるいは現金収入を得るためのマンション・アパート部分など納税猶予の対象外の部分の負担が上昇し、これらの相続税を支払うために生産緑地の部分を切り売りせざるをえないという声もある。

相続については、もともと戦後、均分相続が定められて以降、分割すると農業が成り立たない現実があるので農業を継がない兄弟姉妹が相続放棄をして農家を維持した例も多かったという話がある。

富の偏在を防ぐという相続税の考え方は、農業の維持という大義となじまない。農地はそういう意味の富でなく、国民の食料確保、豊かな食生活をもたらす富だからである。私たちは早急に対策を講じなければならないと思う。

相続税法 2015 年改正のポイント

◎ 遺産に係る基礎控除額が引き下げられました

【改正前】	【改正後】
5,000 万円 ＋（1,000 万円 × 法定相続人の数）	3,000 万円 ＋（600 万円 × 法定相続人の数）

◎ 最高税率の引上げなど税率構造が変わりました

各法定相続人の取得金額	【改正前】税率	【改正後】税率
～ 1,000 万円以下	10%	10%
1,000 万円超 ～ 3,000 万円以下	15%	15%
3,000 万円超 ～ 5,000 万円以下	20%	20%
5,000 万円超 ～ 1 億円以下	30%	30%
1 億円超 ～ 2 億円以下	40%	40%
2 億円超 ～ 3 億円以下		45%
3 億円超 ～ 6 億円以下	50%	50%
6 億円超 ～		55%

※ 2015(平成 27) 年 1 月 1 日以降に相続又は遺贈により取得する財産に係る相続税に適用

国税庁「相続税及び贈与税の税制改正のあらまし」をもとに作成

生産緑地と宅地化農地面積の推移

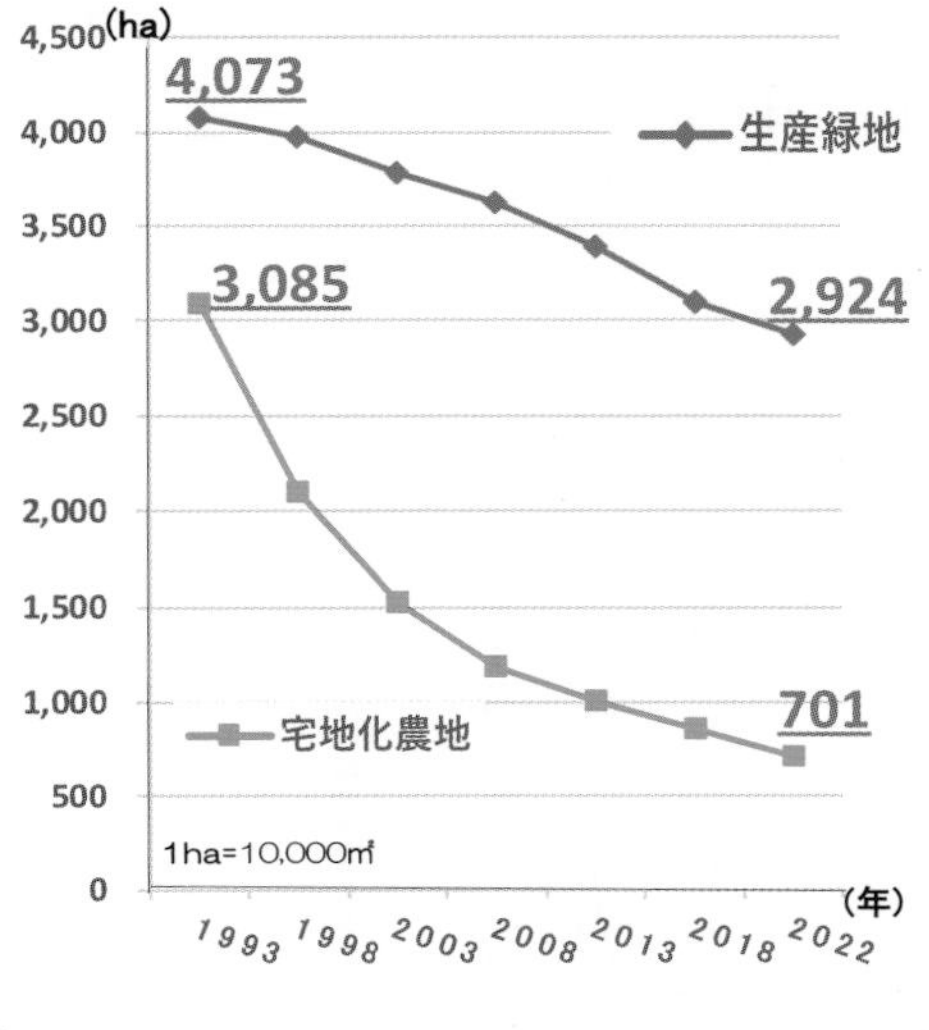

（一社）東京都農業会議調べ

column 44

64年前の小企業者的農業宣言

◆２０１９年3月15日　10面（農あるまちづくり44）

第60回東京都農業委員会・農業者大会（２０１９年2月）は新昭島市市民会館で小池百合子都知事、都議会各会派代表者ら約６００人が集まって行われた。

小池知事は開会前に地元農業委員会の鈴木勇作会長のハウスの中で農家弁当を食べた。この弁当は近隣の農家が共同で20年も前に立ち上げた工房「旬」で炊きあげたおこわや総菜で、普段はＪＡに卸している。

今回の大会では、生産技術や販売方法を先駆的に工夫して経営を成立させている40件の企業的経営者が顕彰された。また、39歳以下を対象とする28組の農業後継者も顕彰された。いずれも、ベテランの農業者や専門家である選考委員が現地を訪問、実査の上、審査した結果である。

今からちょうど64年前、１９５９年第1回の東京都農業委員大会は、「東京農業の進路は小企業者的農業にある」と宣言し、都市農政の基調もそこに向けて転換すべきことを主張した。続いて１９６１年第3回の大会では「他産業従事者に匹敵する農業所得」をあげることを目標とした。

土と太陽の恵みで生産する農業の基本は変わらないが、地方の農業と大都市やその近郊の農業とは、おのずから経営のスタイルや着眼点が変わってくる。バブルの絶頂期、１９８７年の第28回大会では、地価の狂騰による税の上昇を指摘し、住宅不足を理由とした農地の宅地化政策に異を唱えている。

農業の生産・流通両面における協同化は世界で長い間試みられ、形成されてきた。しかし協同化と大規模化とは違う。ややもすると大規模化を是とする風潮があり、もちろんそれが適した地方・適した作物があるだろう。一方、大都市の、農業と他産業あるいは住宅群とが混在した地域では消費者直結に活路を見いだす農家があるのは当然だし、そういう努力によって生き延びてきた小規模農家も多い。64年前の宣言が示す先人の知恵には脱帽するしかない。

第一回農業委員大会　宣言

農村・農業はその技術の進歩にもかかわらず、農産物価格の不安定、更には兼業化の進行等農業内部のみにては解決し得ない難問題をかかえ、加うるに都下農村は急速な都市化に伴う農地の潰廃、営農環境の悪化等により、その前途は甚だ不安である。

しかしながらこのような中にあって、小企業的農家がたくましい成長をみせ近郊農業の指標となっている。われわれはかかる都下農村・農業の現状から、知事諮問答申に於いて、東京農業の進路は小企業者的にありとし、農政の基調も亦ここに置きかえらるべきことを提案し、爾来その育成につとめつつあるところである。

今や、農林漁業基本法の制定、農業法人化等農村・農業の側から農政の基調にかかわる重大な提案が行われ、政治経済問題に発展しようとしている。

われわれはかかる農政の転期にあたり、その責務の重大なるに鑑み、一層活動を強化し、以って、農林漁業基本法をかちとり、農業の発展と農家生活の向上を期す。

右宣言する。

昭和三十四年三月十二日
東京都第一回農業委員大会

第60回大会　農業委員や農業者等が会場を埋めた

column 45

都市農業に追い風のはずだが…農地が減少し住宅需要は増加

◆2019年4月26日　8面（農あるまちづくり45）

経済が高度成長していた時代には、大都市に人口が集中し、深刻な住宅不足の時代が長く続いた。都市における農地の存在を疑問視する意見もあった。先祖代々、あるいは長期間、営農しているのに、あとから移り住んできた人から「こんなところで農業をするなんて」と言われることもあった。

時代が変わって、日本の人口が減りはじめ、空き家や放棄土地が問題になり、これらに対応するための法や条例がつくられるようになった。

社会が成熟化して人々の価値観も多様化し食の安全性に対する意識も高まり、地域でつくられ素性がわかる食材が好まれるようになった。学校給食に地場産の食材が使われ、農家の庭先販売、共同による直売所、スーパーのインショップ販売などが盛んになる一方でインターネットにより食材の特性を説き、通信販売を行う農家も増えた。流通の多様化も進み、近年では東京の農業生産額に占める卸売市場経由率は2割を下回る状況となっている。

大都市の農業を取り巻く社会経済状況には相当な追い風が吹いている。近年の都市農業振興基本法をはじめ、一連の生産緑地関連の法整備と相まって、都市農業はますます有利な状況となりつつあるはずである。

しかし実態としては、例えば東京都では２０１８年1年間の生産緑地の減少率はけっこう高い結果となってしまった。原因としては15年の相続税引き上げの影響が顕在化し始めたとも考えられるし、住宅需要が依然として根強いという実態がある。

東京都の住民登録統計によると平成の30年間に世帯数が5割近くも増えている。人口は大して増えていないのに、核家族化を超えて、一人世帯が増えている。今や東京都の1世帯当たり平均世帯人員は2人を割っている。世帯数が増えれば住宅需要も増える。

成熟社会に入って農地と農業に有利な時代がくるのかと思ったら、世帯数の増加による住宅需要という思わぬ伏兵が現れた。

かくして私たちは、都市の農業を守り発展させるために生産緑地の新しい担い手を養成しあっせんするなど新たな策を考え実施しなければならない状況になったと思う。

東京都の世帯数および
1世帯当たり人員の推移

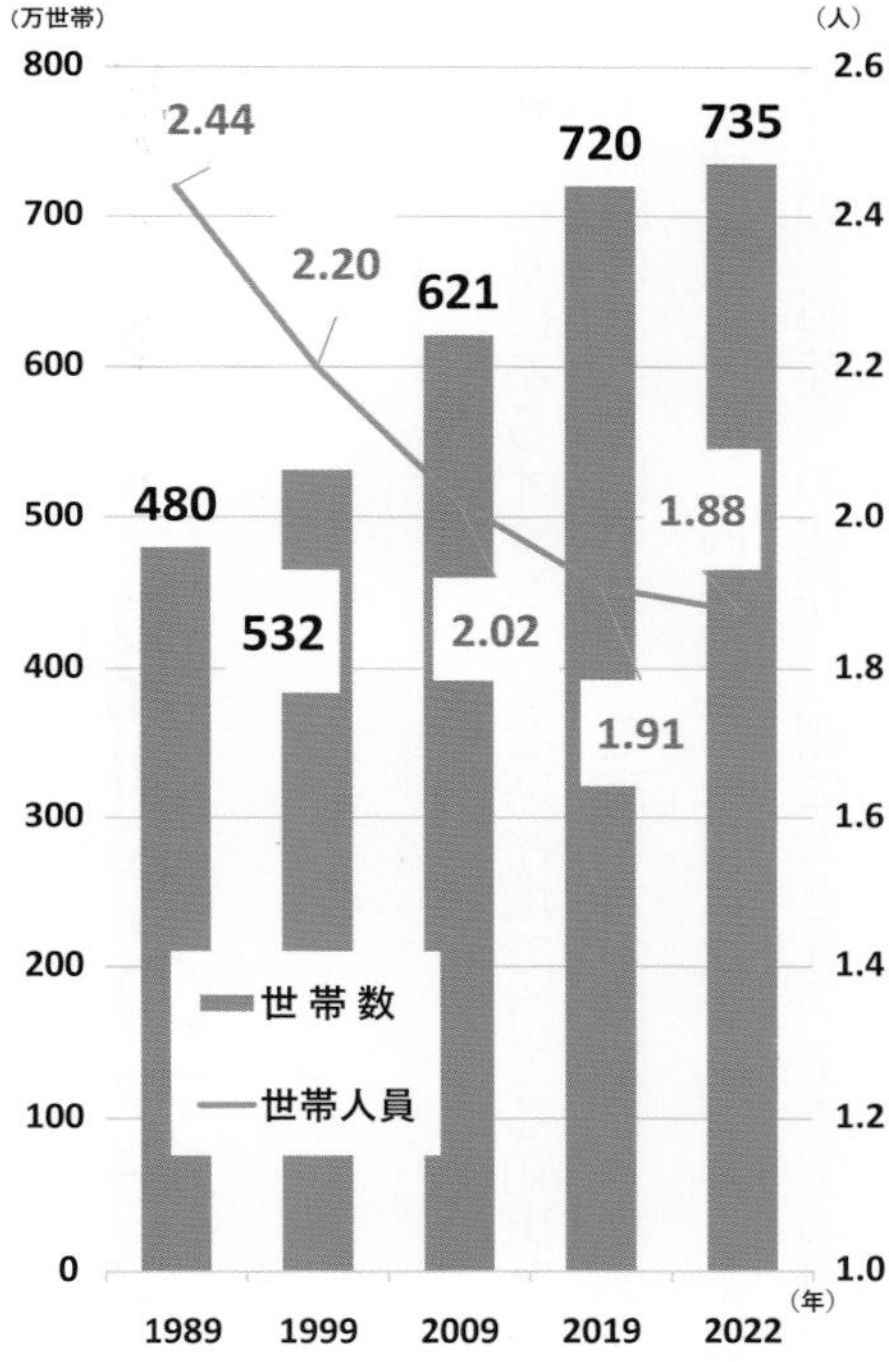

東京都「住民基本台帳による東京都の世帯と人口」をもとに作成

出荷先・販売方法別売上割合（10年前と現在を比較）
都内認定農業者・新規就農者対象調査（2018年）

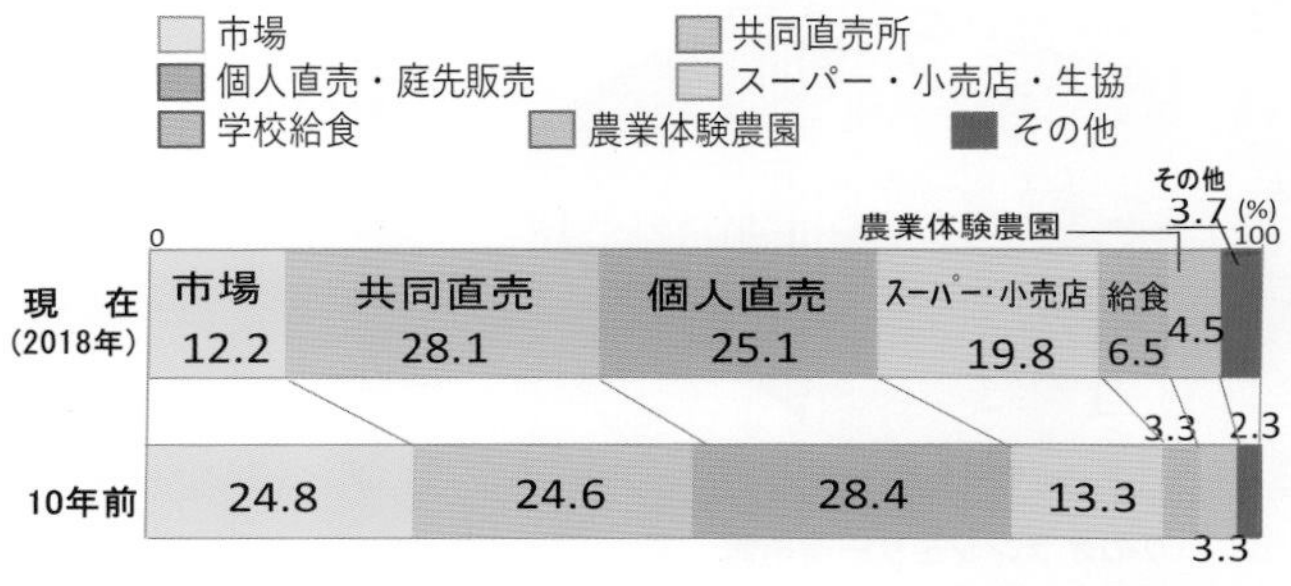

（一社）東京都農業会議調べ

column 46

農業用ハウスに税制等の支援を

◆2019年5月31日　8面（農あるまちづくり46）

フランスのパリにあるオランジュリー美術館は、もとはテュイルリー宮殿のオレンジ温室だった。モネの『睡蓮』の連作などを収める美術館になったのは1927年である。

19世紀のヨーロッパ王室は競ってオランジュリー（オレンジ温室）を建設した。大きなポット（植木鉢）に植えた数十種のオレンジや地中海の木々を育て、賓客を迎える際に宮殿の各所にそれらを並べて知恵と技術を誇示した。各種のオレンジを寒冷地で育てる知恵と技術こそ富と力の象徴だった。

一般にオランジュリーは、南側に大きなアーチ型のガラス窓を並べ、北側は壁、もしくはそこで働く人々の住居などに使った。屋根はスレートもしくは瓦で葺いた。

ヨーロッパで最強の王室だったハプスブルク家は、1882年に皇帝フランツ・ヨーゼフがヨーロッパ最大の温室を建設した。シェーンブルン宮殿のパルメンハウス（温室）である。全長111メートル、建築面積2500平方メートル、ガラス屋根延べ4900平方メートル、4万5千枚のガラス板が使用されている。

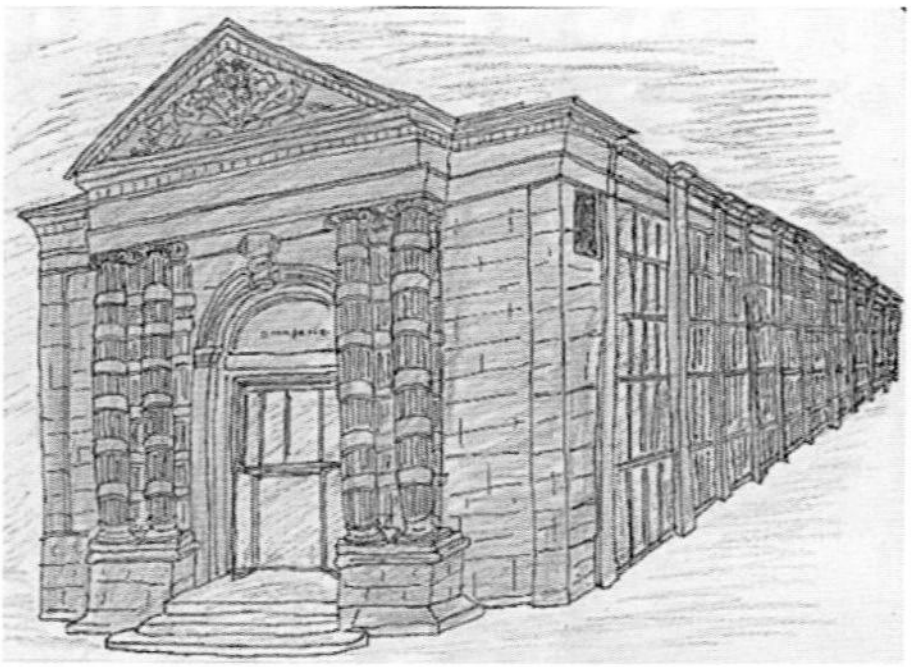

パリのオランジュリー美術館
元はテュイルリー宮殿のオランジュリー温室

パルメンハウス内は三つのパヴィリオンすなわち三つの気候帯に分かれる。一番高い屋根のホールでは地中海やカナリア諸島、南アフリカそしてオーストラリアなど、北側のホールでは日本、中国そしてヒマラヤ、ニュージーランドなど、そして

シェーンブルン宮殿のパルメンハウス（ウィーン）
ヨーロッパ最大級の温室

三つ目のホールでは熱帯、亜熱帯地方の植物が育てられている。高さ20《メートル》以上のヤシや世界最大といわれるハスもここにある。日本より気温の低いウィーンでこの温室の中を歩くと、温かいばかりか木々や花々の香りで心が癒やされる。

このパルメンハウスはパリのオランジュリーを超えて、オレンジのみならず世界の植物を育てていて、シェーンブルン宮殿とその庭園を飾っている。連邦政府庭園局副局長ローラウアー氏によるとシェーンブルン宮殿では温室と庭園を管理するために庭師70人を含め庭園管理に約１２０人が従事している。

日本の農業用ハウスもずいぶん発達したが、かなりの費用がかかる点ではヨーロッパ王室のオランジュリーと同様である。手間もかかる。法律や税制の面でさらに手厚い支援が望まれる。

パルメンハウスの温室内部

column 47

離島でも元気な八丈島の農業

◆2019年6月28日　8面（農あるまちづくり47）

　東京都内には62の区市町村があり、そのうち9町村は島しょ地域であり、人が定住している島が11ある。その一つである八丈島（八丈町）の平地は火山礫で成り立っているが、そこを平らにして土を運び込み、離島特有の強風でも壊れないよう耐風ハウスをつくり新規就農者を受け入れている。新規就農者にはUターン、Iターンの人たちもいる。

　新規就農者の主たる供給源は、担い手育成研修センターである。30棟のハウスを使って4年間の研修中に販売農業者としてのノウハウを取得していくシステムが確立されている。現在までの研修生は計17人だが、そのうち島外からの人が6人いる。

　八丈島では農地流動化が進み、農地法3条による権利移転、農業経営基盤強化促進法による利用権設定、中間管理事業を含めて２０２１年1年間で東京都全体の農地流動化面積の2割以上を八丈島が占めている。開墾による農地の創出が必要である理由は、流動化により農地が活用されているからでもあるし、それなりに農業経営が成り立っているからでもある。

　東京から約３００キロメートル離れ、出荷のための時間と経費がかかるが、その不利を補うのが黒潮海流による高温多湿である。フェニックス・ロベレニーの切葉・観葉鉢、ルスカスやレザーファン、キキョウラン、ストレチアそしてサカキなど、欠航があっても耐えることができ、一定の価格が見込まれる製品を主力としている。フリージアも生産されている。観光振興を兼ねた牧野では黒毛和牛預託頭数も増加しつつある。

アシタバ、いも類、パッションフルーツ、フルーツレモン、シイタケ、キクラゲ等、野菜や果実その他も生産されているが、これらは収穫されたら近隣や親族に分けて回る習慣が根強いためか生産統計に大きな数字が現れてこない。

貨幣経済によって全てを把握することができないのは日本全国の農村と同様である。島には気候風土の厳しさがあるが、一方で統計に現れない生活の豊かさもある。

農業振興地域法が成立して54年が経過した。規制だけでなく法に定める「農業に関する公共投資その他農業振興に関する施策」が各農業振興地域の特性に応じた方法で実施されることが求められている。

八丈島
担い手育成検修センター

新規就農者の研修の様子

研修棟

切葉の共同出荷作業

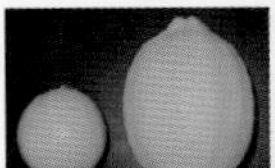

特産の八丈フルーツレモン（右）と通常のレモンとの比較

column 48

家族農業と農地の継承

２０１９年から２０２８年までは国連が定めた「家族農業の10年」である。国連加盟国には家族農業に係る施策の推進や女性農業者への支援等が求められている。

日本の農業で家族経営体は１３４万経営体で農業経営体全体の約98％を占めている。ＥＵは約96％、米国は99％である。ここで家族経営体とは、１世帯で事業を行うものをいい、雇用者の有無を問わない。農家が法人化した場合を含む。

日本の食料・農業・農村基本法（１９９９年）は、「専ら農業を営む者」その他経営意欲のある農業者が創意工夫を生かした農業経営を展開できるよう、経営の発展および「その円滑な継承」に資する条件を整備することを定めている。法律が「専業農業者等の円滑な継承」を定めていることを忘れてはならない。

東京都選出国会議員と東京都農業会議の意見交換会が国会内で行われた際、「公共事業で買い上げられた土地には譲渡所得の５千万円までの控除がある。生産緑地を農業者に譲渡した場合も同様にするべきではないか」という意見があった。

２０１５年の相続税引き上げの影響が顕在化したためか、近年、東京都でも生産緑地が減少している。農業者同士の売買によって農地が継承される場合には公共の利益という観点から税制の優遇措置があれば少しは農地減少に歯止めがかかるだろう。

◆２０１９年7月26日　10面（農あるまちづくり48）

　私道の場合、その私道を不特定多数の人が使用していれば公共性があるとみなされ、しかも個人の土地だからといって勝手に処分できないから相続税はかからない。生産緑地も勝手に処分できない点は同様だ。

　日本全体で住宅が絶対的に不足し、農地を宅地化せざるをえない事情があった時代と空き家が問題となる現代では明らかに社会情勢が異なっている。現代は、都市内の農地を継承し維持していくことにこそ公共性がある。

　現在、日本の総人口の６割の人が三大都市圏か県庁所在地のどちらかに住んでいる。都市化の進行が農地を飲み込んできたのである。今では都市地域内の農地を残すことを多くの人が望んでいる。農地継承の税制を充実させるべきではないか。

東京都選出国会議員との意見交換会
（都内農業委員会会長・（一社）東京都農業会議）

United Nations Decade of FAMILY FARMING 2019-2028

国連「家族農業の10年」世界行動計画の７つの柱

1．家族農業を強化するため、実現可能な政策環境を構築する
2．若者を支援し、家族農業における世代間の持続可能性を実現する
3．家族農業における男女平等と、農村の女性の指導的役割を促進する
4．農家を代表して都市・農村連続地域での包括的サービスを提供するため、
　家族経営農家の組織化と能力開発を強化する
5．家族経営農家と 農村の世帯及びコミュニティ について
　経済・社会的包摂性、レジリエンス (耐久力・回復力)、福祉の改善を図る
6．気候変動に強い食料システムのために、家族農業の持続可能性を促進する
7．家族農業の多面性を強化し、地域の開発と、生物多様性、環境、文化を守る
　食料システムとに貢献する 社会的イノベーションを促進する

農林水産省、国連食糧農業機関等の資料をもとに作成

column 49

自給率を高めるためにも新規就農支援の充実を

２０２１年度の食料自給率はカロリーベースで38％と、過去最低だった前年度を1ポイント上回った。小麦、大豆が作付面積、単収ともに増加したことや、コロナの若干の落ち着きで米の外食需要が回復したことなどによるものだが、政府が掲げる２０３０年の目標値45％とはかけ離れた数値であり、低水準に変わりはない。

対策として農地の集約化や企業的経営による農業生産性の向上を図っていくことはもちろん最重要だが、一方で新規就農者を増やしていくことも大切である。現在の日本では各産業分野を通じて人手不足が叫ばれているが、実態としては人手不足でなく雇用と人材のミスマッチというべきではないか。

２０１８年の内閣府の調査では40歳から64歳の引きこもりの人が全国で61万人に達している。この人たちが引きこもりとなった契機は退職が最も多いという。若者の引きこもりについてもいろいろな数字があるがこれに匹敵する数の引きこもりの人がいる。

公務員の定年は法律で満60歳から65歳へ延長されたが、65歳でもう働かなくていいというのは、現代の日本において現実的ではない。

２０２１年の簡易生命表によれば、日本人の平均寿命は女性が87・57歳、男性が81・47歳だが、そもそもこの数字は男女ともにこの30年で5歳以上伸びている。私たちは何歳まで働くかについて従来からの固定観念で線を引かないほうがいいと思

◆２０１９年8月23日　8面（農あるまちづくり49）

う。医療も進歩し、人々の健康意識もますます高まっている。年齢をめぐる環境は大いに変化しているのである。

農業に従事したことのない人で農業に関心をもっている人は多い。自治体などが体験農園や市民農園の参加者を募集すると希望者が多く、抽選になかなか当選しないという声もきく。

自分の親または配偶者の親が農業者で農地を継承する人たちの中にも他の職業を経験して中高年になってから初めて農業を営む人も多い。

食料自給率を高めるためにも国家として各種新規就農支援策の飛躍的充実を図るべきときがきているのではないか。

昭和40年度以降の食料自給率の推移

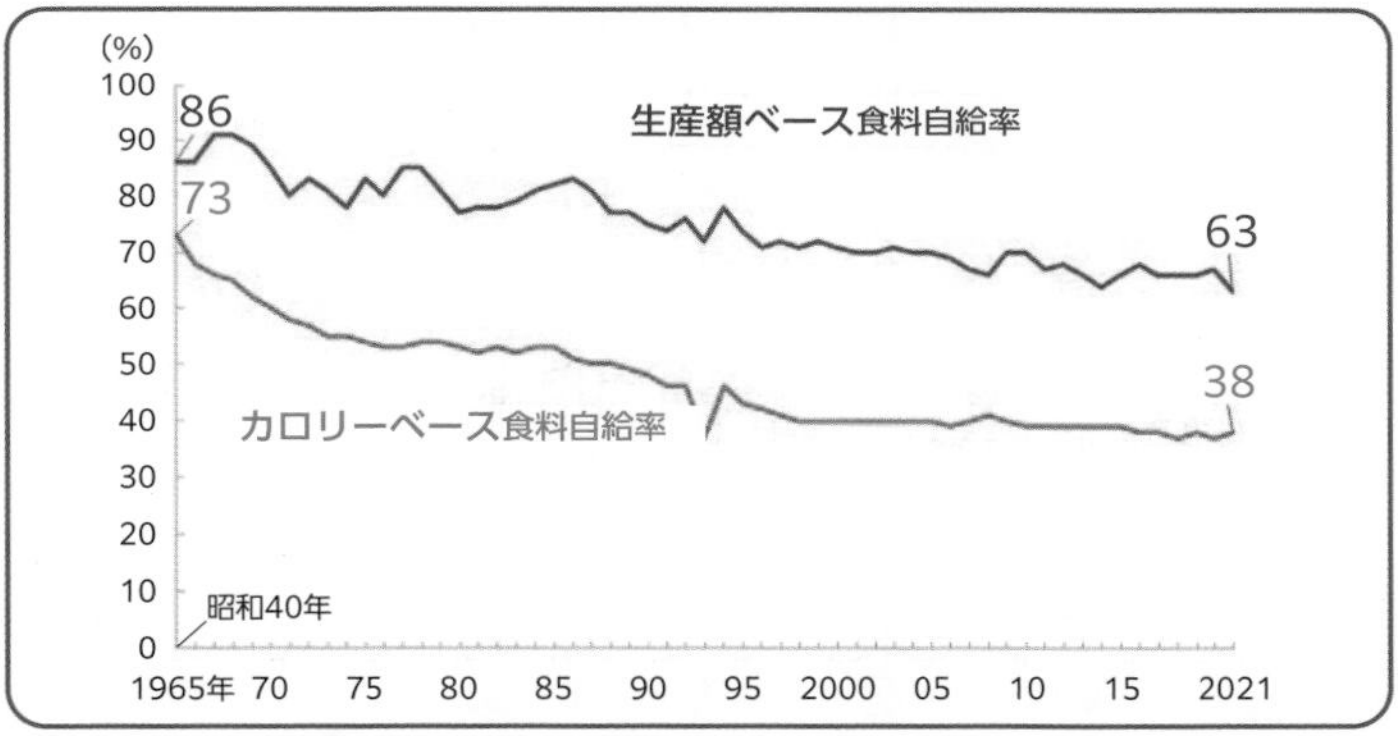

農林水産省「日本の食料自給率」

We are 東京NEO-FARMERS

2009年に都内初の農外からの新規就農者第1号が誕生。2022年現在65名となった。就農希望者や支援者を含めた東京ネオファーマーズの緩やかな集まりが、就農と地域への定着を支えている。

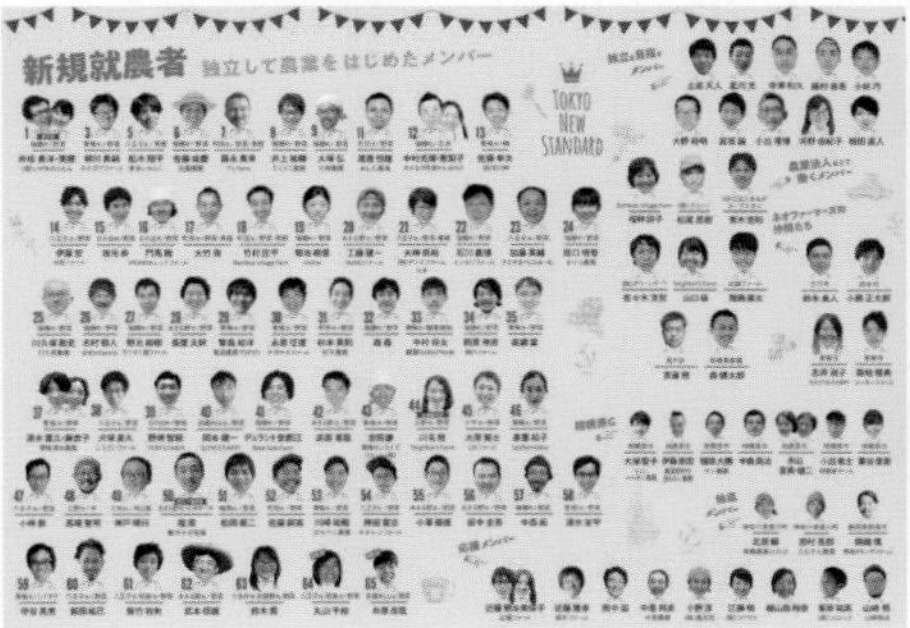

column 50

ドイツのクラインガルテンに思う

◆2019年9月27日　8面（農あるまちづくり50）

ドイツを列車で移動すると、無数の小屋付き農園群を見ることができる。クラインガルテン、直訳すると小さな庭だが、滞在型市民農園あるいは小屋付き貸し小農園とも呼ぶべきか。

ドイツでは30年賃貸借が多いようだが、日本でクラインガルテンとして事業化されているものには1年間の賃貸借で月に5日は滞在するのが条件、などというのが代表的な仕組みのようだ。

ドイツのグリーン・ツーリズムとか「農家で休暇を」運動あるいは「田園で休暇を」運動は日本でもたびたび紹介されている。

都市で働く人に週末や休暇を農業に親しんでもらう運動で、それなりに各国で普及している。イギリスではシビル・ファーム、ロシアではダーチャが盛んである。

農家にとっては、このような小屋付き貸し農園制度だけでなく、農家民宿、農家レストラン、農産物や加工品の直売などと組み合わせることによって現金収入を増やすことができれば収入の安定や向上につながる。農家にとっても個別の事情や家族の考え方が違うので、これらの中から選択し、地域の農家が互いに補完し合うことができると農村の発展につながる。

交通手段や駐車場の確保、共通利便施設の設置などのほか、そもそも一軒の農家がこのようなことに取り組んでもなかなか利用者にアピールしないので、地域ぐるみ、自治体ぐるみで一定の規模をもって取りくんでいるところが日本でもあり、それなりに定着しているところもあるようだ。

　日本で行われている田園回帰運動は、地方の農村地帯への移住を促すというイメージが強い。日本の農地と農業を守るために貴重な運動だが、都市に住む人が農村に移住するのは、たとえ農村の出身者であっても相当の勇気がいる。

　私は東京の大手デベロッパーに勤める人が市民農園から体験農園、そして農家に弟子入りして勤務の傍ら土日に農業を学び、自治体の農業経営関係の各種講習会に通い、農地を譲り受けて兼業で農業を始めた例を知っている。農家の側も、事業の幅を少しずつ広げて現金収入を増やすことができるといいと思う。

ミュンヘンの農家のテラス美味しいお茶をいただける

くにたち　はたけんぼ

都市農業でも農泊や農的休日ツアー

田んぼと畑を活用して食農に関する体験イベントを実施している。住宅街の古い空きアパートを活用してゲストハウス (民泊) も開設。留学生向けの滞在型の農業体験も行っている

column 51

農地を都市計画の中にきちんと位置付ける政策を

◆2019年10月25日　8面（農あるまちづくり51）

　半世紀前に都市計画法が市街化区域と市街化調整区域の線引きをした上で、市街化区域内の農地は10年以内に宅地化すると定めたのは、戦後復興と高度経済成長を背景に都市への急激な人口流入が続き、深刻な住宅不足があったからである。

　そしてそのような都市計画法の定めがあるにもかかわらず市街化区域内の農地がそれなりに維持されたのは、農業を続けようとする強固な意志を持つ家族たちの存在と、生産緑地法による固定資産税の軽減ならびに相続税の納税猶予があったからである。

　ところが55年以上の歳月を経て、都市計画側の事情は大いに異なる状況となった。人口減少時代を迎えて量的には、新たな宅地の供給を必要としない時代となったのである。むしろ負動産と称される空き家・空き地・放棄住宅・放棄土地が問題となるようになった。質的にも、必ずしも郊外の一戸建てでなく湾岸や都心近くに住みたい、タワーマンションに人気があるなどの変化が生じた。

　折しも、2022年に30年の指定期限を迎える生産緑地が大量にあり、これがどっと宅地として大量供給されると都市計画上も混乱する事態が予想され、生産緑地法が改正され30年を迎えても特定生産緑地と指定を受けることにより営農を継続できるようになった。

　都市計画法の側も、農地を組み込んだ田園住居地域という新たな用途地域を創設し、市街化

特定生産緑地制度

＊生産緑地所有者等の意向に基づいて、市町村が指定する。
＊　生産緑地所有者等の意向に基づき市町村が指定する。
＊　生産緑地の指定期限（買取り申出できる時期）が10年延期される。
＊　固定資産税等は引続き農地評価。
　相続税納税猶予にのることも可能。
＊　都市計画決定から30年経過前までに申請の上指定を受ける必要がある。

特定生産緑地への指定意向（東京）

国土交通省抽出調査（2018年1月）

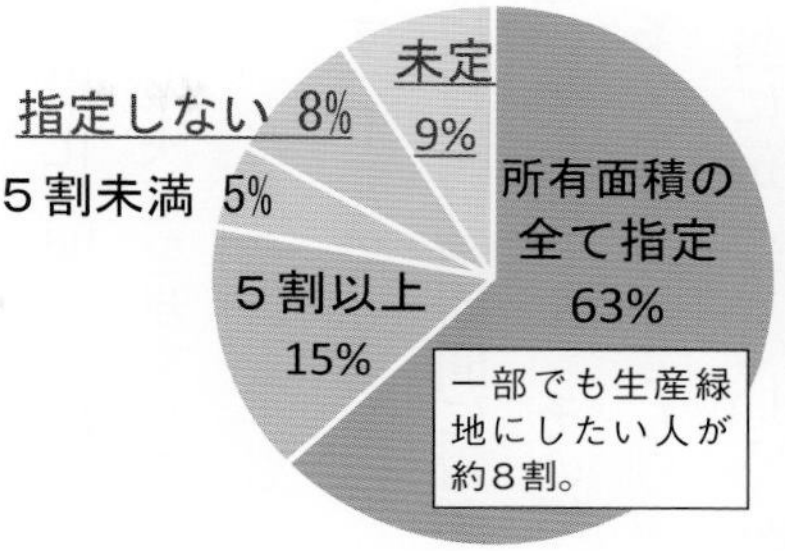

「特定生産緑地制度を知らないという生産緑地所有者を一人もつくらない活動」の展開
（都内農業委員会・東京都農業会議活動方針）

都内の特定生産緑地指定見込み（2022年6月）

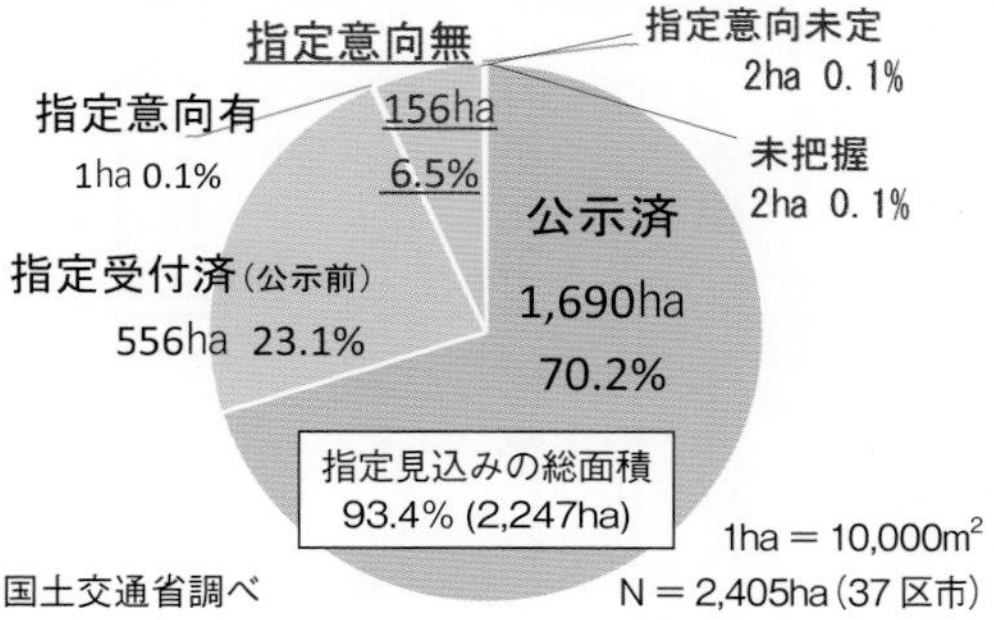

国土交通省調べ

区域の農地を認める大転換をはかった。

国土交通省が２０１８年に行った抽出調査では、22年に30年の指定期限を迎える都内生産緑地のうち、８割は特定生産緑地と指定を受ける意向だが残りの２割は指定を受けず自治体に買い取り申し出をする見込みだということだった。しかし結果的には、面積比で93・4％が特定生産緑地に指定見込みである。

とはいえ、１割の減少は大きい。すべての買い取り申し出に自治体が応えることができればいいが、それができなければ宅地の大量供給という事態が生じかねない。せっかく税制優遇が講じられている生産緑地について都市計画の側が田園住居地域という制度以外に何らの対応もしないわけにはいかないだろう。田園住居地域から一歩進めて農地を都市計画の中にきちんと位置付ける政策が求められていると思う。

column 52

都市農地の貸借と農業委員会

◆2019年11月22日　8面（農あるまちづくり52）

　2019年10月30日付けの日本経済新聞の首都圏欄を読んで仰天した。都市農地について農業委員会の許可が不要となったと書いてあるのだ。事実は全く逆で、昨年成立した都市農地の貸借の円滑化に関する法律は農業委員会の決定を要することとしており、だから貸し手も安心して貸すことができる。

　すぐに日本経済新聞に電話して間違いを指摘した。その場で法律の条文を確認してもらったら、担当に伝えるということだったが、訂正記事は掲載されなかった。電子版だけは訂正されたらしい。本紙の方は間違えたままである。

　この一件は、いまだに農業委員会に対する無理解、無知が横行し、事実が曲げられて報道されていることを示している。

　農業委員会は、農業委員会等に関する法律により「農地等の利用の最適化（担い手への農地利用の集積・集約化、遊休農地の発生防止・解消、新規参入の促進）の推進」を中心に、農地に関する事務を執行する行政委員会として、市区町村に設置されている。地方自治法には、長きにわたり「農業委員会は自作農の創設及び維持、農地等の利用関係の調整その他の事務を執行する」と具体的に規定されていた。

　農地は私有財産だが国民の食料を生産する公共的役割を担っている。だから所有者の個人的意思で勝手に処分はできないよう制限が課せられ、代わりに固定資産税が低く抑えられている。生産緑地は継続的な営農を確保するため固定資産税の軽減のほか相続税の納税猶予も認められている。

所有者たる農業者が高齢などにより営農継続が困難な場合、生産緑地を貸したくとも、借り手がその農地を維持できるかどうか不安であり、簡単には貸借に踏み切れない。だがそこに農業委員会が介在することにより、借り手が耕作するにせよ市民農園を開設するにせよ安心して農地を貸すことができる。

こうして、施行から半年後（2019年3月末）には、東京都内だけでも25件の貸し借りが成立した。なかには、日野市で若い女性が21アールの農地を借りて新規就農するなど明るい話題もあって大きく報道された。こういう変化をメディアの皆さんも直視してほしい。

都市農地貸借円滑化法による貸借の手続き

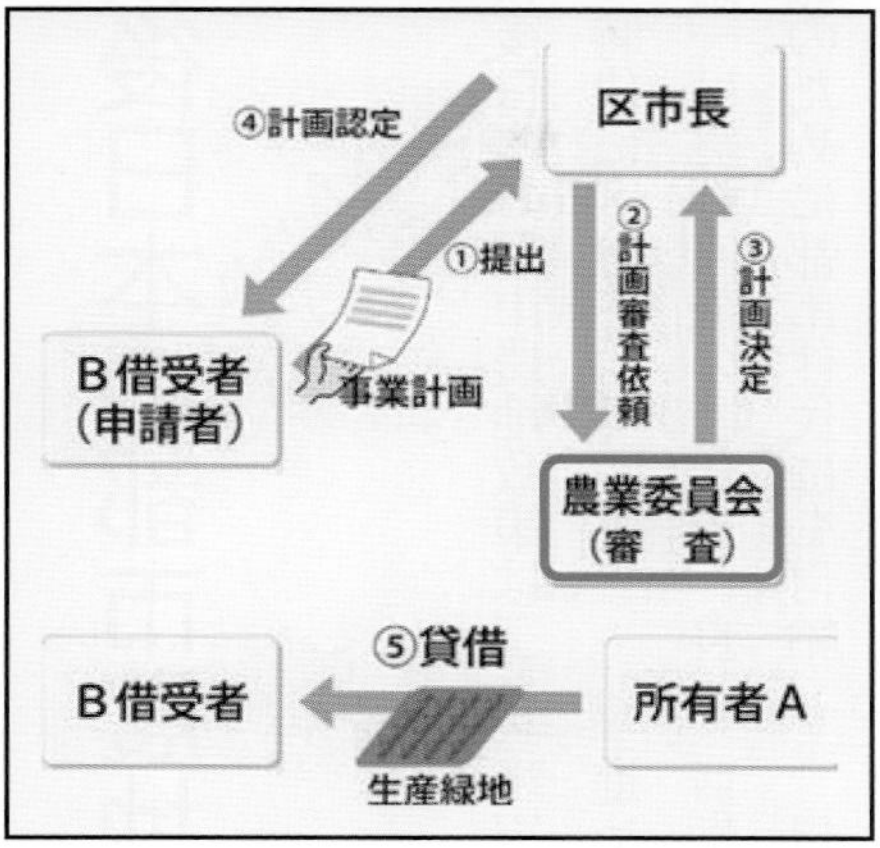

生産緑地貸借での新規就農第１号
30 年という長期契約でハウス栽培も可能に

2007 年に親元就農。代々続く農家の後継者が
生産規模拡大をめざし近隣の生産緑地を借り受けた

column 53

戦後日本の都市農地政策三つの時代

◆2019年12月20日　8面（農あるまちづくり53）

戦後日本の都市農地政策は三つの時代に区分される。

第一は終戦直後の時代で、食料難のために都市住民にも自給が要求された。

1945年に東京都計画局は『帝都復興方策』で「都内各戸に自給農園をつくる」ことを決定し、翌46年3月の『帝都復興計画概要』では「区部の農地面積は43％とする」と宣言した。

しかしこれは住宅難による宅地供給の要求に押されて実現しなかった。一方、日本を占領した米軍などは農地改革を進め、自作農の創設を目指した。

日本の地方自治法が長い間、農業委員会の職務として「自作農の創設、維持」を法に定めていたのはそのためである。現在の地方自治法は農業委員会の職務として「農地に関する事務を執行する」と定めている。

第二は、都市計画法の線引きや宅地並み課税によって都市農地を宅地化しようとした時代である。

用途地域の細分化

～昭和43年（用途規制のみ）	昭和43年（容積率・建蔽率を追加）（用途規制の細分化）	平成30年（田園住居地域を追加）
住居地域	第1種住居専用地域	第1種低層住居専用地域
		第2種低層住居専用地域
	第2種住居専用地域	第1種中高層住居専用地域
		第2種中高層住居専用地域
	住居地域	第1種住居地域
		第2種住居地域
		準住居地域
		田園住居地域
商業地域	近隣商業地域	近隣商業地域
	商業地域	商業地域
準工業地域	準工業地域	準工業地域
工業地域	工業地域	工業地域
	工業専用地域	工業専用地域

55年前の都市計画法は「市街化区域内の農地は10年以内に宅地化」と定めた。この動きがピークに達したのは1980年代後半のバブル到来のころである。地価高騰の原因が都市農地にあるがごとき議論もあった。

政府は度々農地の宅地並み課税を実現しようとした。一方農業者の側は、生産緑地法などを援用し宅地並み課税に反対し都市農地の維持に努めた。

第三は、都市農業振興法制定、生産緑地法改正、都市計画法改正、都市農地貸借円滑化法制定などによる都市農地の維持創設政策への転換という近年の動きである。

「線引き」のイメージ

東京都「東京の都市づくりのあゆみ」をもとに作成

特に都市計画法改正による、従来の住居、工業、商業の3種類しかなかった用途地域に田園住居地域という新たな用途地域を加えた制度変更は、農地の存在を都市計画が認める大転換の契機となった。

以上のうち第二と第三の時代については北沢俊春さんらによる『これで守れる都市農業・農地』（2019年・農文協）という先般出版された本に具体的に記されている。北沢さんは長く東京都農業会議に勤め、これら都市農地を守る側と削る側とのせめぎ合いの渦中にあった人であり記述が具体的で説得力のある本である。一読をお勧めしたい。

column 54

都市農地貸借円滑化法の今後の課題

◆2020年1月24日　8面（農あるまちづくり54）

都市農地貸借円滑化法に基づいて貸借されている生産緑地は2022年3月現在、市民農園開設目的が全国で92件、うち東京都は30件。自ら耕作するための貸借は全国で375件、うち東京都では196件である。都内では法施行後4年（2022年9月末）で合計250件を超えた。

法律制定過程では、「地価が高い都市部で農地を拡大したい農家にとって、新たに農地を取得する資金はないので貸借を可能にしてほしい」という積極説と、「貸借を可能にすると相続のときに営農の意思がないのに権利を主張する相続人がいて自作農原則が崩れる」という消極説があった。

そこで法律では借り手に対して事業計画を要求し、農業委員会の決定があった場合に貸借を認めることとした。

法律制定後の1年間の実績を見ると、予想通り地価の高い大都市部において貸借が行われている。

また、東京都農業会議と日野市の協力によって大学農学部出身の若い女性が農地を借りて営農を開始した新規就農の例が全国に報道されるなど制度が順調に機能し始めていることがわかる。

農地を所有して営農を始める資金がない場合、都市農地貸借円滑化法を活用して新規就農する例が今後も増えていくことが望ましい。少子化時代に、必ずしも相続人が営農を継承するのではなく、第三者が貸借によって営農を開始する例が増えない限り日本の農業は衰退の一途をたどるだろう。

問題はその先である。借りて新規就農した人は永遠に農地を所有することなく営農していくのだろうか。貸し手の側に相続が発生し農地が細分化された場合も永続していくのか。借り手の側に継承が生じた場合どうなるのか。

永続的な営農のためには借り手がいずれは所有者として農地を取得するための政策的な支援が遅かれ早かれ必要となるだろう。

例えば、道路、公園、施設など公共用地取得のための売買には、売り手の側に相当程度の譲渡取得税控除が認められている。

農地が農地として継承されることには公共的な意義があり、現に相続税の納税猶予制度があることを勘案すると、同様の優遇措置を認めるなど何らかの対策を今から議論すべきだと思う。

自身の農地を手放さざるを得なくなった農業者が、隣接区の農地を貸借して営農を継続した例
（行政区域を越えた広域マッチング）

都内における生産緑地の貸借の状況

2022 年 9 月末現在（カッコ内数字は 2019 年 3 月末現在数）

自ら耕作の貸借<都市農地貸借円滑化法（市民農園除く）>

東京都内地区名	件数（件）	面積（㎡）	借受者			
			個人	法人	区市	JA
区内地区	35	65,056	15	16	4	0
北多摩地区	124	203,565	87	23	3	11
南多摩地区	53	94,237	42	11	0	0
西多摩地区	8	10,942	7	1	0	0
合　計	220	373,799	151 [4]	51 [12]	7 [0]	11 [0]
割合（%）	[16]	[56,876]	69%	23%	3%	5%

市民農園の開設<円滑化法・特定農地貸付法>

件数（件）	面積（㎡）	都市農地円滑化法	特定農地貸付法		
			所有者	区市	JA
41	56,911	19	1	18	2
34	43,606	10	12	8	4
23	25,861	4	18	1	0
3	7,146	0	3	0	0
101	133,524	33 [9]	34 [0]	27 [0]	6 [0]
[9]	[19,122]	33%	34%	27%	6%

（一社）東京都農業会議調べ

column 55

居住と営農の調和をはかる地区計画への期待

◆2020年2月28日　8面（農あるまちづくり55）

2020年の都市計画法の改正により、居住環境と営農環境を一体で計画できる「地区計画制度」が創設され、税制（固定資産税、都市計画税、相続税、贈与税、不動産取得税）優遇も措置される制度改正が行われた。

55年前の都市計画法は住宅数が絶対的に不足していた時代背景を反映して都市の市街地にある農地については、宅地化すべしとしていた。

その後、全国的な人口減少により農地を宅地化していくことについては宅地需要面から現実味がなくなり、むしろ空き地や空き家の発生による問題が顕在化するなかで、2018年には田園住居地域という新たな用途地域が設定され市街化区域内農地が都市計画制度のなかで公認された。

新たな地区計画制度は、自治体にとっても地域にとってもなじみの深い地区計画制度という都市計画手法により、住宅と農地の混在を都市計画として維持していこうとする政策である。

地区計画とは、特定の地区について土地利用規制と公共施設整備（道路、公園、緑地、広場などの整備）を組み合わせてまちづくりを誘導する制度である。

建築物については用途制限、容積率の制限、建ぺい率の制限、敷地面積の最低限度などを詳細に規定することが可能である。

わかりやすく表現すれば、特定の地区について、住宅と農地そして道路等について配置やそのあり方を具体的に決定しておこうというもので、コミュニティーの住民や関係者が話し合って合意する住民主導の計画である。

5年前の田園住居地域に比べると（田園住居地域すなわち用途地域も住民の意見を聞いて定めるが）、地域主導、住民主導の性格がより強いのが地区計画である。建築制限を含み都市計画法と建築基準法と両方にまたがる制度である。地区計画という仕組みは自治体にとってなじみが深い制度である。

地区計画制度が実際に活用され効果的に運用されるためには、計画策定から運用に至る過程で人的・物的両面において相応の規模の公的補助制度が予算化され実施されることが必要だと思う。

国、都道府県、市区町村の積極的な取り組みを期待したい。

地区計画農地保全条例制度の創設

令和２年９月７日施行

まとまった農地が住宅と混在する地域において、農業と調和した良好な居住環境を確保するため、きめ細やかに地区内のルールを定めることができる新たな地区計画制度※を創設する

※　地区計画の記載事項に農地における行為制限に関する事項を追記し、それらの行為について条例により許可制とする仕組み

農地の開発規制

・田園住居地域と同様に、小規模な開発のみ許容し、大規模な改変を抑制

農家の意向に対応した生産緑地以外の緩やかな保全が可能

・農地の持つ環境緩和、景観保全、教育福祉、防災等の機能を享受できる住宅環境を整備

日照確保等より、市民のための公共的な施設である市民農園の機能を維持

税制特例の概要

【相続税・贈与税】（三大都市圏特定市）
・納税猶予の特例の適用

【不動産取得税】（三大都市圏特定市）
・徴収猶予の特例の適用

地区施設の整備

・公園や道路等、地域の実情に応じて必要な施設を整備

市民農園へのアクセス路やトイレ・洗い場を備えた公園の整備

宅地の建築規制

・営農環境の保全のため、用途地域より厳しい建築規制。低層の良好な住環境を創出

隣接地の建築によって発生する日照条件の悪化や光障害の発生を抑制

（光障害：夜間の人工光等により植物の生育が阻害されること）

国土交通省資料をもとに作成

column 56

アメリカのニューディール政策の経験と教訓

◆2020年3月27日　9面（農あるまちづくり56）

新型コロナウイルスの感染が拡大するなかで農業経営にも各種の深刻な影響が出始めている。学校給食の休止やレストランの不振、イベント中止などによる農産物販売市場の縮小、式典などの中止による花卉類の販売量減少など販売不振に加え、海外からの農業技術研修生の受け入れ停滞や海外からの部品輸入の遅れにより農業機械供給に支障が予想されるなど販売から生産にわたる各方面に問題が生じ始めている。

一日も早い終束を願うばかりだが、過去の歴史に学んでおくことも大切だと思う。

1929年の世界大恐慌のあと、アメリカで実施されて大いに効果があったというニューディール政策は、水利用のダムの建設をはじめとする土木的な公共事業が中心だったというイメージがあるが、不景気により困窮した農業に対する政策をめぐっても激しい対立や議論があった。

前提として、当時のアメリカ農業においては余剰生産が存在するので生産制限によって農産物価格の安定が必要だという考え方では一致していたが、生産削減に同意した農民に対する補償の方法について決定的な対立があった。

広い余裕面積を有する大規模農業者は作付け制限面積による補償が有利であり、小規模農業者はそういう面積をもっていないので所得保障制度を強く主張した。当時のアメリカ政府は大規模農業者に有利な作付け制限面積割りによる補償を選択し、この政策は実行された。

その後、30年代後半のアメリカでは貧農対策や小作農の自立対策が度々問題となったが、なかなかうまくいかなかったようだ。この、なかなかうまくいかなかった経験や教訓が、第2次大戦後のアメリカによる日本占領政策のなかで、いわゆる農地改革というかなりドラスチックな政策を実施する結果を導いたともいえよう。

現在のような非常時には、あるいは平時であっても、農業政策には常に、大規模農業者と小規模農業者の両方に目を配る配慮が大切である。加えて現代では、小規模な家族経営であっても上手に企業的経営を成立させ収益を上げている農業者がたくさんいることも認識して政策を実施することが望まれる。

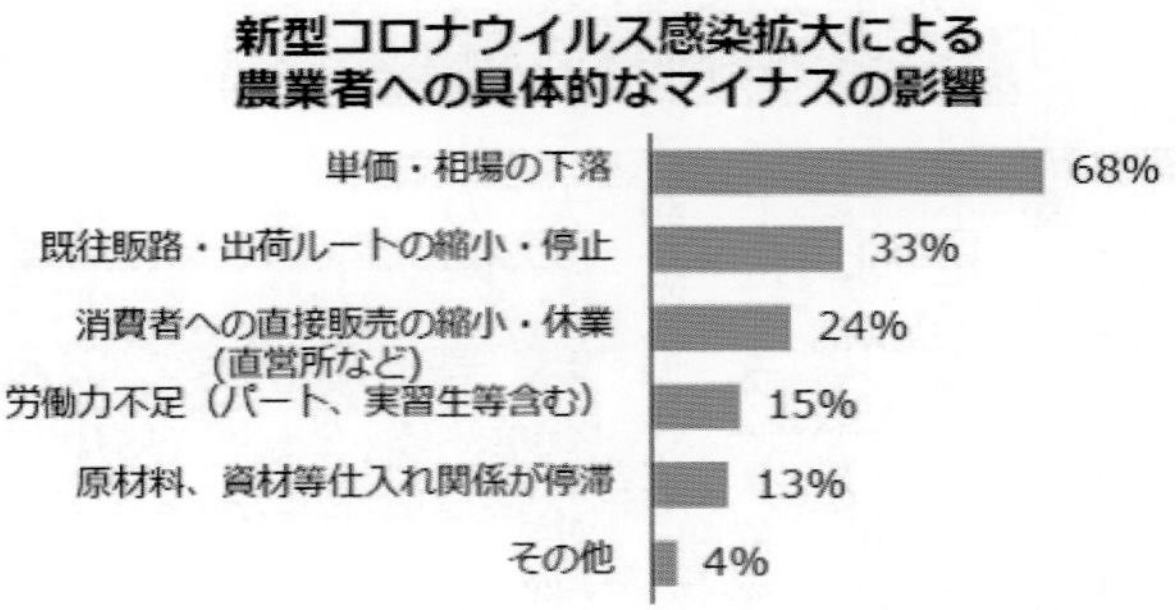

資料：株式会社日本政策金融公庫「農業景況調査」(2020年9月公表)を基に農林水産省作成

「令和２年度食料・農業・農村白書の概要」

ニューディール政策を実施したルーズベルトの像（ワシントン）

農業調整法（略称 AAA）
[Agricultural Adjustment Act]

ニューディール政策における農民救済策として1933年5月に制定された。

農作物の過剰生産による価格低下がもたらす農民の困窮を救済するため、政府が農民の生産削減に補助金を支払い、農産物価格の安定を図ろうとした。

しかし、大農場に有利で小作農に恩恵がなく、貧農救済には繋がらなかった。

「おわりに」

危機的な日本の食料自給

（一社）東京都農業会議会長
明治大学名誉教授　青山　佾

アメリカのニューヨーク州の隣にニュージャージー州があり、その州立総合大学としてラトガースという大学がある。私は危機管理のシンポジウムに参加するため訪問したことがあるが全米で8番目にできた伝統ある大学で、各種の世界大学ランキングでも常に上位にランクされている。

このラトガース大学の研究によると、局地的な核戦争が発生した場合、放射能汚染等により世界的な食料不足に陥るが、それによる世界飢餓人口の約３割が日本人だという衝撃的な結果が出て、最近話題を呼んでいる。

日本が特に飢餓に陥る理由は食料自給率が農林水産省の統計によるとカロリーベースで令和３年に38％と低いからである。世界の主要国は、カナダ233％、オーストラリア169％、フランス131％、アメリカ121％、ドイツ84％、イギリス70％となっていて、日本の食料自給率は極端に低い。

農林水産省は近年、飼料自給率を反映した食料自給率も発表している。たとえば牛肉は国産が45％を占めるが、飼料自給率を反映した食料自給率は12％にすぎない。日本は肥料の自給率もかなり低い。特にリン酸質肥料の自給率は、ほぼゼロに近い。

加えて現代の食料生産と肥飼料運搬・生産品流通に欠かせないエネルギー資源についても日本は大半を輸入に頼っている。こうして日本は食料については世界でも稀な外国依存度の高い国となっているから、たとえ局地的な戦争でも、世界的な食料不足が発生すると飢餓死が発生するほどの危機に陥るというのである。

本来なら日本は温暖な気候に恵まれ、日照も降雨量も、そして国土も広く国民は勤勉だから農業に適している。それなのに政策的に農業者と農民を減らしてしまった。

戦後日本経済の急速な復興と発展の過程で工場やインフラ設備、流通施設、住宅用地とするため農地をつぶしていった時代が長かった。農業の価格生産性を低く抑えたため農業者が農業を継続するためにはよほどの才覚・技術や根性、信念が必要だった。

今や日本社会全体のベクトルが変わって農地を潰すニーズは存在しない。農地を減らす政策を変えて農地を増やす政策に大転換する時代が到来した。政治と行政のコペルニクス的大転換が求められている。

※ 本書編集にあたり、以下の方々はじめ多くの皆様に写真・イラスト・資料等のご協力を頂きました。厚く御礼申し上げます。ありがとうございました。

【写真・イラスト・資料等協力（団体・法人・個人等　順不同）】

小澤力さん（イラストで笑顔をつくる会代表）
江藤梢さん（㈱コトリコ代表取締役）
大熊貴司さん（大熊農園代表）
鈴木勝啓さん（合同会社どんぐり王国代表）
山口卓さん（㈱山口トマト代表取締役）
増田武さん（増田牧場代表）
田口明日香さん（きりり農園代表）
川島秀夫さん（川島農園代表）
松本一宏さん（松本ファーム代表）
北沢俊春さん（都市農業勉強会代表）
岡田源治さん（㈱三鷹ファーム代表取締役社長）
根岸稔さん（㈱三鷹ファーム）
加藤義松さん（NPO法人 全国農業体験農園協会理事長）
小山俊雄さん（小山農園園主）
大原賢士さん（OKファーム代表）
デュラント安都江さん（Base Side Farm代表）
平野祐康さん（元三宅村村長）
中村圭亨さん（東京都農林総合研究センター主任研究員）
中村美和子さん（㈱中村製作所）
宮川修さん（宮川農園代表）
大竹道茂さん（江戸東京・伝統野菜研究会代表）
矢ヶ崎静代さん（ぎんなんネット会長）
斉藤節子さん（八王子のぎく会会長）
浜中洋子さん（八王子のぎく会）
土方京子さん（みちくさ会会長）
上野勝さん（たまご工房うえの代表）
峯岸祐高さん（㈱Corot代表取締役）
松澤龍人さん（東京NEO-FARMERS世話人）
新倉大次郎さん（㈲ニイクラファーム代表）
新倉庄次郎さん（㈲ニイクラファーム）
続橋昌志さん（㈱アーバンファーム八王子代表取締役）
水野聡さん（㈱アーバンファーム八王子）
金子聡さん（「多摩の畑から群馬の畑へ」著者）
小野淳さん（NPO法人くにたち農園の会理事長）
川名桂さん（Neighbor's Farm代表）
馬場裕真さん（馬場農園代表）
石田栄作さん（農業経営者）
石鍋正義さん（農業経営者）

【写真・資料等協力（行政機関等　順不同）】

練馬区／八王子市／日野市／稲城市／清瀬市／八丈町
国土交通省／国土交通政策研究所／農林水産省
東京都都市整備局
東京都産業労働局
東京都農業振興事務所
（公財）東京都農林水産振興財団
東京都農林総合研究センター

村上ゆり子さん（東京都農林総合研究センター所長）
岩瀬和春さん（（公財）東京都農林水産振興財団理事長）

練馬区農の学校（所管：練馬区都市農業担当部都市農業課）
加藤義松さん（緑と農の体験塾（加藤農園園主））

中村圭亨（よしゆき）さん

< 著者略歴 >

青山　佾（あおやまやすし）

一般社団法人東京都農業会議会長、全国農業委員会都市農政対策協議会会長，明治大学名誉教授、博士（政治学）。

1943年東京生まれ。1967年、東京都経済局に入り、計画部長等を経て1999年から2003年まで東京都副知事として危機管理・都市構造・財政等を担当。2004年から2018年まで明治大学教授。2008～2009年米国コロンビア大学客員研究員。

著書に『小説後藤新平』（学陽書房・ペンネーム郷仙太郎で執筆）、『都市のガバナンス』（三省堂）、『痛恨の江戸東京史』（祥伝社）、『世界の街角から東京を考える』（藤原書店）、『東京都知事列伝』（時事通信社）など。

都市農業の時代
食料安全保障へ反転攻勢始まる

令和５年６月　発行

定　価　990円（本体900円＋税10%）
送料別

発　行　全国農業委員会ネットワーク機構
一般社団法人 全国農業会議所

〒102-0084　東京都千代田区二番町９－８
電　話　03（6910）1131

全国農業図書コード　R05-08

落丁・乱丁はお取り替えいたします。

ISBN 978-4-910027-96-8 C2061 ￥900E